Friedrich Wilhelm Henkel
Wolfgang Schmidt

# Terrarien
## bauen und einrichten

4., aktualisierte und neugestaltete Auflage
153 Farbfotos
38 Zeichnungen

Ulmer

Seite 4

## Naturwelt Zuhause

**Eine faszinierende Welt aus Pflanzen und Tieren hinter Glas muss kein Wunschtraum bleiben. Werfen Sie einen Blick auf die Möglichkeiten, die sich Ihnen bieten und lassen Sie sich inspirieren.**



**Special:**

Seite 36

## Terrarien bauen

**Kommen wir zu den Details. Hier erfahren Sie alles zu geeigneten Materialien, den Umgang mit ihnen und wie Sie handwerklich am besten vorgehen.**



**Special:**

Seite 104

## Terrarien einrichten

**Wilde Wohnwelt für Terrarientiere – auf die Einrichtung kommt es an. Was alles möglich ist und wie es geht, erfahren Sie hier.**

Seite 134

## Technik für Terrarien

**Ohne die Hilfe technischer Geräte geht es nicht. Für eine möglichst artgerechte Pflege der Tiere ist es wichtig, sich in den technischen Möglichkeiten umfangreiche Kenntnisse anzueignen. Hier erhalten Sie Informationen und Tipps.**

# Naturwelt Zuhause

**Aufgrund der weltweit fortschreitenden Biotopvernichtung haben immer mehr Tierliebhaber den Wunsch nach einem heilen Stück Natur im eigenen Heim. Wie ließe sich dies leichter realisieren als mit einem artgerechten und attraktiv eingerichteten Terrarium. Und so verwundert es auch nicht, dass Amphibien und Reptilien, aber auch Wirbellose als die Haustiere des 21. Jahrhunderts angesehen werden.**

# Zu diesem Buch

*Terrarium eingerichtet zur Pflege mediterraner Eidechsenarten.*

## Vorwort zur 4. Auflage

Durch Ihre große Nachfrage haben Sie gezeigt, wie wichtig Ihnen eine kompakte Übersicht über das Thema Terrarien Bau und Einrichtung ist. Seit der 1. Auflage ist mehr als ein Jahrzehnt vergangen und es haben sich zahlreiche Neuerungen und Verbesserungen durchgesetzt. Wir wollen in der 4. Auflage einige der wichtigsten Trends vorstellen, dazu gehören der Bau von Terrarien aus Styropor und zahlreiche, bisher nicht vorgestellte Baumaterialien. Weitere interessante Neuigkeiten stammen aus der Terrarientechnik, wie beispielsweise bei den Beleuchtungskörpern, bei denen sich gerade im Hinblick auf die optimale Ausleuchtung des Terrariums sowie in Sachen Lichtausbeute und Energieeinsparung einiges getan hat. Weiterhin relativ neu sind auch die inzwischen in verschiedenen Variationen erhältlichen Sprühanlagen zum Selbstbau, die wesentlich sicherer sind als die früher selbst erbauten. Besonders erfreulich ist, angesichts des enormen Zulaufs, den die Terraristik seit vielen Jahren verzeichnet auch nicht verwunderlich, dass der Zoofachhandel ein breites und inzwischen sehr praktisches Angebot an Zubehör für den Terrarianer bereithält. Während man früher beispielsweise Trinknäpfe selbst aus Ton oder anderen Materialien töpfern musste, kann man heute zahlreiche Varianten in allen Größen im Zoofachgeschäft kaufen. Auch hier wollen wir die wichtigsten und nach unserer Meinung praktischsten Neuerungen vorstellen wie auch ihre Einsatzmöglichkeiten im Terrarium be-

*Ranitomeya variabilis*

schreiben. Doch trotz aller Vielfalt ist nur die Darstellung eines kleinen Auszugs aus dem Warensortiment möglich.

Ganz besonders bedanken wir uns bei den Herren Karl-Friedrich Steffen, Kamen, und Henry Müller, Pforzheim, die uns wichtige Tipps und Anregungen zu diesem Buch gegeben haben.
Außerdem schulden wir zahlreichen Terrarianern Dank für ihre wichtigen Hinweise, Bilder und Zeichnungen, ohne die dieses Buch nicht möglich gewesen wäre. Hier sind insbesondere zu nennen: Uwe Bartel, Dinslaken; Ingo Brand, Bönen; Gerhard Hallmann, Dortmund; Peter Klaas, Zoo Köln; Stephan Kallas, Wuppertal; Michael Knöthig, Borken; Veronika Müller, Soest; Manfred Salewski, Dinslaken; Achim Sameit, Bergkamen; Erwin Schröder, Kiel; Walter Seil, Bönen; Rudolf Wicker, Exotarium am Frankfurter Zoo und Rainer Zander, Garbsen; Stefan Merla, Strücklingen; Peter Schu, St. Wendel; Roland Zobel, Herne; Dr. Michael Meyer, Herne, für die kritische Durchsicht des Manuskriptes sowie bei den folgenden Herrn und Firmen, die in alphabetischer Reihenfolge genannt sind: Dr. Beat Ackeret, CH-Rundlang; Christian Langner, Billerbeck; Stephan Otto, Unna; Peter Nowark, E.N.T. Terrarienbau, Rees; Import – Export Peter Hoch, Waldkirchen; Hilmar Hufer, Bochum; Lutz Weynans, Kempen; Silvan Nüsken, Soest; Bernd Skubowius, Gelsenkirchen und Tropenparadies, Thorsten Holtmann und Volker Ennebach, Oberhausen; Patrick Schönecker, Berschweiler, für die zahlreichen wertvollen Hinweise und Anregungen sowie das Überlassen von Bildmaterial.

Kamen und Soest, im Frühjahr 2008
Friedrich Wilhelm Henkel, Wolfgang Schmidt

# Über die Amphibien und Reptilien

*Abronia raminea*

Wahrscheinlich im Devon, also vor mehr als 350 Millionen Jahren, vollzog sich einer der wichtigsten Schritte in der Evolution der Wirbeltiere: der Übergang vom Leben im Wasser zum Leben auf dem Land. Aus Fischen entwickelten sich Amphibien, mit denen die Reihe der vierfüßigen Wirbeltiere begann. Noch recht unbeholfen machten sie sich daran, den neuen Lebensraum zu erobern. Ihre Haut ist gegen Verdunstung schlecht geschützt und trocknet daher leicht aus. Auch zur Fortpflanzung sind fast alle Arten auf den Lebensraum Wasser angewiesen.
Vor rund 300 Millionen Jahren, während des Karbons, entwickelten sich aus den urtümlichen Amphibien die ersten Reptilien. Sie zeichnen sich vor allem durch ein kräftigeres Skelett und eine verhornte Körperhaut aus, die sie vor Austrocknung weitgehend schützt. Außerdem entstand bei der Evolution der Reptilien ein neuer Eityp, der ihre Fortpflanzung unabhängig vom offenen Wasser machte.

## Vom Klima abhängig

Allen Amphibien und Reptilien gemeinsam ist die Zugehörigkeit zu den wechselwarmen Tieren. Sie sind in den meisten Fällen nicht in der Lage, wie Säugetiere und Vögel, ihre Körpertemperatur selbstständig zu erhöhen und konstant zu halten. Daher sind sie von der Umgebungstemperatur und der Strahlungswärme – in der Natur der Sonneneinstrahlung – abhängig. Alle Arten benötigen eine bestimmte „Betriebstemperatur“ für die lebensnotwendigen Funktionen; daher ist ihr Verbreitungsgebiet auf die gemäßigten und die warmen Regionen der Erde beschränkt. Um als wechselwarme Tiere

*Tropische Laubfrösche lassen sich in Feuchtterrarien pflegen.*

Temperaturschwankungen in der Umwelt zu ertragen, mussten die Amphibien und Reptilien eine ganze Reihe von Überlebensstrategien entwickeln. Die bekannteste ist sicher die Winterstarre, in der die Tiere die klimatisch ungünstige Zeit überdauern. Aus dieser kurzen Übersicht wird deutlich, wie stark Amphibien und Reptilien vom Klima ihrer Umgebung abhängig sind. Seine Nachahmung ist die unerlässliche Voraussetzung für eine erfolgreiche Pflege im Terrarium und muss bereits bei Bau und Einrichtung der Behälter ins Auge gefasst werden.

## Viele Faktoren sind wichtig

Das Klima setzt sich aus unterschiedlichen Faktoren zusammen, die in gegenseitiger Abhängigkeit stehen und sich ständig verändern. Die wichtigsten sind Temperatur, Luftbewegung, Niederschlag, relative Luftfeuchtigkeit, Lichtintensität und Luftdruck. Die einzelnen Werte ändern sich zum einen im Tageszyklus, wo sie sich als Tag-Nacht-Schwankung bemerkbar machen, und zum anderen im Jahreszyklus. Neben einer von der Jahreszeit abhängigen Temperaturänderung verschiebt sich hier auch oft das Verhältnis von Tag- und Nachtlänge. Außerdem gibt es zahlreiche weitere saisonbedingte Einflüsse, wie Regen- und Trockenzeiten.

Das Klima einzelner Landstriche ist in der Regel bekannt. Bei genauer Betrachtung zeigt sich jedoch, dass die angegebenen Mittelwerte irreführend sein können. Ein häufiger Fehler liegt in der Verkennung von Mikroklimaten. Was nützen beispielsweise Temperaturmessungen, die tagsüber einen Meter über dem Boden erfolgen, wenn das Tier sich dann im Boden verbirgt und nur nachts aktiv ist? So benötigen auch Wüstentiere kühle und feuchte Rückzugsgebiete, denn in einigen Teilen der Wüsten befinden sich bereits in 50 cm Tiefe feuchte Sandschichten. Kennt man den ungefähren Fundort seiner Pfleglinge, so kann man die allgemeinen Klimadaten der Literatur entnehmen (zum Beispiel Müller, 1983). Es ist allerdings nicht ratsam, alle in der Natur vorherrschenden Gegebenheiten auch tatsächlich im Terrarium nachahmen zu wollen. So hat es keinen Sinn, ein Wüstenterrarium auf weit über 50 °C aufzuheizen. Wenig sinnvoll ist es auch, andere natürliche Bedingungen, wie sintflutartige Niederschläge, extreme Trockenheit oder Temperaturen unter dem Gefrierpunkt, zu imitieren. Gleichwohl müssen Schwankungen wie der Tag-Nacht-Rhythmus, der über Aktivität und Schlafenszeit der Pfleglinge entscheidet, und der Wechsel von Trocken- zu Regenzeit simuliert werden. Diese Zyklen sind häufig ein wesentlicher Auslöser für die Fortpflanzung der Tiere.

**Tipp**

**Wer Amphibien und Reptilien pflegen möchte, muss die klimatischen Bedingungen, unter den die Tiere in ihrer Heimat leben, genau kennen. Im Terrarium sind jedoch Extreme, wie Überschwemmungen, ungewöhnliche Hitz- oder Trockenperioden, wie sie in der Natur gelegentlich vorkommen, zu vermeiden. Beim Bestimmen der großklimatologischen Bedingungen können Klimakataloge helfen, sie spiegeln jedoch das Mikroklima im Lebensraum niemals wider.**

# Klima

Wechselwarme Tiere, zu den unsere Terrarienbewohner nun einmal gehören, sind für ihr Wohlbefinden ganz besonders von den klimatischen Gegebenheiten abhängig. Dies sind hauptsächlich die Umgebungstemperatur, Sonnenscheindauer und -intensität, Niederschlagsmenge, relative Luftfeuchtigkeit und andere, das Kleinklima betreffende Faktoren. Auf den folgenden Seiten werden diese Aspekte und ihre Bedeutung bei der Pflege von Terrarientieren detaillierter erläutert.

## Temperatur

Die Temperatur ist sicher einer der wichtigsten Faktoren im Terrarium. Amphibien und Reptilien benötigen als wechselwarme Tiere einen bestimmten Temperaturbereich, in dem ihre Körperfunktionen ablaufen und sie ihr abwechslungsreiches Verhalten zeigen können. Dieser ist für die gepflegte Art spezifisch. Daher ist das Studium von Spezialliteratur vor der Anschaffung der Tiere unerlässlich.

## Aktivitätstemperatur und Vorzugstemperatur

Man unterscheidet bei Amphibien und Reptilien die Aktivitätstemperatur, bei deren Überschreitung die Tiere grundsätzlich aktiv sind, und die Vorzugstemperatur, die in der Regel höher als die Aktivitätstemperatur liegt und bei guten Bedingungen als Körpertemperatur des Tieres gemessen werden kann. Die Aktivitätstemperatur ist also in der Regel die Mindesttemperatur, auf

*Die Olgas in Australien.*

die das Terrarium erwärmt werden muss. Zahlreichen der gepflegten Tiere muss zusätzlich eine Möglichkeit geboten werden, sich auf ihre Vorzugstemperatur zu erwärmen. Zu diesem Zweck sollte man das Terrarium mittels eines Strahlers erwärmen, da die Strahlungswärme wie sie in der Natur die Sonne abgibt, die natürlichste ist. Bei Arten, die sich nicht in der Sonne erwärmen, können auch andere Heizungsmöglichkeiten genutzt werden. Übersteigt die Umgebungstemperatur für einen längeren Zeitraum die Vorzugstemperatur, so sterben die Tiere den Hitzetod. Es ist wichtig, ihnen die Möglichkeit zur Regulation ihrer Körpertemperatur zu geben. Um den Amphibien und Reptilien eine richtige Thermoregulation zu ermöglichen, sollte man im Terrarium immer ein gewisses Temperaturgefälle herstellen, das von einem Wert kurz oberhalb der Vorzugstemperatur bis weit darunter reicht. Dabei gibt es keinen individuellen Spielraum, sondern nur physiologische Zwänge!

*Biotop in Neukaledonien.*

## Überwinterung

Besonders wichtig ist die Frage, ob die Pfleglinge den Winter hindurch aktiv sind. Man kann davon ausgehen, dass Tiere aus Gegenden, in denen die Durchschnittstemperatur des kältesten Monats unter 10 °C fällt, eine Winterstarre einlegen. Auch in anderen Gebieten kann es aufgrund von ungünstigen Witterungseinflüssen zu kurzen aber auch längeren und Jahreszeit abhängigen Inaktivitätsphasen kommen.

Die Überwinterung ist leider in der Praxis nicht immer leicht zu bewerkstelligen; auch in der Literatur finden sich oft widersprüchliche Angaben zu dem Thema.

Tiere, die überwintert werden sollen, müssen über ausreichende Reserven verfügen. Nur gut genährte Tiere dürfen in den Winterschlaf geschickt werden. In der Natur kann man oft beobachten, dass Jungtiere wesentlich länger aktiv als ihre Eltern sind, da sie noch Fettdepots für den Winter anlegen müssen. Angaben zur Überwinterung finden sich in der Fachliteratur (zum Beispiel Schmidt/Henkel, 2006: Leguane, 2. Aufl.).

Da die Amphibien und Reptilien, wie schon gesagt, zu den wechselwarmen Tieren gehören, haben sie eine ganze Reihe von Mechanismen zur Regulierung ihrer Körpertemperatur entwickelt. So resorbieren viele Reptilien Strahlungswärme durch eine dunkle Färbung oder reflektieren das Sonnenlicht, wenn es ihnen zu warm wird, indem sie sich fast weiß färben. Die meisten Arten überdauern jedoch ungünstige Wetterperioden in einem sicheren Versteck.

*Bachläufe bilden den Lebensraum zahlreicher Amphibienarten.*

# Luft und Licht

Das Bedürfnis nach Luftbewegung und Frischluft ist bei den einzelnen Amphibien- und Reptilienarten unterschiedlich stark ausgeprägt. Während einige Tiere bei zu geringen Lüftungsflächen bereits innerhalb weniger Tage oder Wochen erkranken, zeigen andere hingegen kaum eine Reaktion auf derartige Haltungsbedingungen. Die Gründe hierfür liegen vermutlich in dem Umstand, dass sich in einem kleinen, nahezu abgeschlossenen Glaskasten, wie dem Terrarium, naturgemäß eine ungewöhnlich hohe Anzahl von Bakterien, Pilzen und Viren bildet. Diese – oder deren Sporen – fliegen nun unablässig durch die Luft und belasten so permanent das Immunsystem der Terrarientiere. Bewohnen die Tiere in der freien Natur jedoch zumeist recht luftige und daher besonders keimarme Habitate, so führt diese Dauerbelastung mit verschiedensten Keimen früher oder später zu einer Erkrankung. Wer kennt ihn nicht, den tierärztlichen Befund „*Pseudomonas*-spp.-Infektion" als Todesursache für ein verendetes und zur Obduktion eingeschicktes Tier?

*Kinyonga fischeri*

## Lüftungsflächen und Ionisation

Man hat nun verschiedene Möglichkeiten, hier Abhilfe zu schaffen. Am einfachsten natürlich sind die Haltungsbedingungen zu optimieren oder wenn dies nicht möglich ist, im Terrarienzimmer oder in größeren Behältern einen Ionisator zu installieren, der permanent negativ geladene Ionen ausstößt, die sich an alle in der Luft schwebenden Partikel anheften und diese zu Boden ziehen. Die Erfahrungen mit dem Einsatz derartiger Geräte sind durchweg recht positiv.

Eine ausreichende Luftzufuhr wird für die meisten Arten durch zwei Lüftungsflächen gewährleistet. Eine sollte sich im Deckel befinden, die andere möglichst unterhalb der Frontscheibe oder an der Seite. Gerade bei Regenwaldterrarien, die eine hohe relative Luftfeuchtigkeit benötigen, ist ein Lüftungsgitter unterhalb der Frontscheibe von Vorteil, da die aufsteigende Luft ein Beschlagen des Glases verhindert oder mildert.

Mit der Größe der Lüftungsfläche steuert man auch gleichzeitig die Höhe der relativen Luftfeuchtigkeit im Terrarium. So führen kleine Gazeflächen zu einer hohen relativen Luftfeuchtigkeit und große Lüftungsflächen zu einer niedrigen. Da es meistens schwierig ist, die benötigte Größe exakt im Voraus zu bestimmen, baut man besser Terrarien mit größeren Lüftungsflächen, die später nach Bedarf gegebenenfalls mit Glasstreifen oder anderem Material abgedeckt werden.

Die Luftbewegung kann auch einen Einfluss auf das Verhalten der Tiere haben. So fällt die Fortpflanzungszeit des Grünen Leguan mit dem Beginn der Trockenzeit zusammen, die sich auch durch ein stärkeres Windaufkommen auszeichnet. Die kühlende Wirkung des Windes ermöglicht es den Leguanen, sich längere Zeit zum Imponieren und Balzen auf besonders exponierten Ästen aufzuhalten.

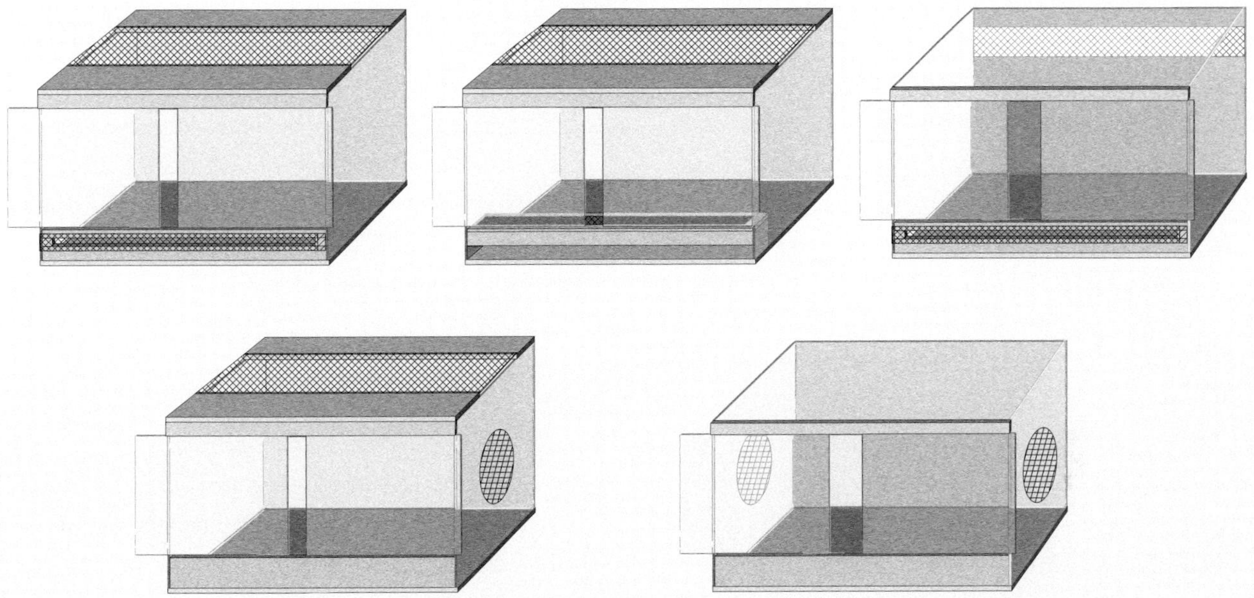

*Verschiedene Möglichkeiten, Lüftungsflächen in ein Terrarium einzubauen. Hierbei sollten immer möglichst zwei Lüftungsflächen vorhanden sein, um durch die Zirkulation einen natürlichen Luftaustausch zu ermöglichen. Die abgebildeten Terrarien zeigen einige Beispiele, wie diese beiden Lüftungsflächen zueinander angeordnet sein können.*

## Licht

Die Aktivität der Amphibien und Reptilien ist oft hauptsächlich vom Tag-Nacht-Rhythmus abhängig. Sie nehmen die Veränderungen mit ihren Sinnen wahr und reagieren darauf mit entsprechenden Phasen der Ruhe oder Aktivität. Auch andere physiologische Vorgänge werden vom Licht und seiner Intensität gesteuert oder beeinflusst, so beispielsweise bei vielen tagaktiven Tieren sogar das thermoregulative Verhalten. So ist es für viele Terrarientiere unerlässlich, den Behälter nicht nur artgerecht zu erwärmen, sondern auch den Lichtansprüchen der Art entsprechend auszuleuchten. Viele Reptilienarten zeigen ihr schönstes Farbkleid und ihr volles Verhaltensrepertoire nur bei ausreichender Lichtmenge.

## Urlaub im Freien

Verantwortlich für den positiven Einfluss der Lichtintensität auf den Stoffwechsel ist wahrscheinlich das Scheitel- oder Parietalauge, ein rudimentäres Sinnesorgan auf der Kopfoberseite, das bei einigen Echsen durch eine, an ein Auge erinnernde Zeichnung gut zu erkennen ist. Man vermutet, dass die Tiere damit ihren inneren Rhythmus steuern, wie die Regulation der Körpertemperatur, Dauer der Sonnenbäder und auch Wachsein und Schlafen. Vielen Arten, darunter zahlreiche Leguane oder Krötenechsen, fast allen Chamäleons, den meisten Waranen, vielen Agamen und Skinken sollte man daher einen kurzen Sommerurlaub im Freilandterrarium oder in einer Voliere auf dem Balkon ermöglichen, denn oft wirkt sich die natürliche UV-Strahlung zusätzlich positiv aus.

## Jahresrhythmen

Wichtig ist ebenfalls, dass Jahrestemperaturzyklus und Beleuchtungsdauer synchronisiert werden, da für zahlreiche wichtige Funktionen bis heute nicht geklärt ist, ob Temperatur, Photoperiode oder eine Kombination aus beiden Auslöser für bestimmte Verhaltensweisen der Tiere sind. Bekannte Beispiele finden sich beim Europäischen Chamäleon *Chamaeleo chamaeleon* und dem Parson-Chamäleon *Calumma parsonii* aus Madagaskar. Bei der ersten Art fällt der Beginn der Fortpflanzungsperiode genau mit dem Wechsel von zunehmender zu abnehmender Tageslänge in den Mittelmeergebieten zusammen. Fast genau zwei Wochen nach dem längsten Tag (21. Juni) beginnen die Tiere mit der Fortpflanzung. *Calumma parsonii* ist noch stärker von der natürlichen Tageslänge abhängig. So legen die Chamäleons unabhängig von der Temperatur eine Inaktivitätsphase im Winter ein, sitzen den ganzen Tag fast unbeweglich in ihrem Versteck und nehmen nur gelegentlich Nahrung oder Flüssigkeit zu sich. Etwa Mitte Februar mit zunehmender Tageslänge bei uns, werden die Chamäleons wieder aktiv. Dabei lassen sie sich nicht von der künstlichen Beleuchtung täuschen, sondern richten sich nur nach dem natürlichen Tageslicht.

## Tageslängen

Die Sonnenscheindauer beträgt am Äquator das ganze Jahr über 12 Stunden. Bereits auf Höhe des zehnten Breitengrads, beispielsweise in San José (Costa Rica), schwankt die Tageslänge zwischen 11,6 und 12,7 Stunden, im Laufe des Jahres über eine Stunde. Ganz anders bei 50° Breite (Mainz): Hier ändert sich die Tageslänge von etwa 8,5 Stunden im Winter auf 16,3 im Sommer. Die Beleuchtungsdauer sollte daher auch im Terrarium je nach gepflegter Art entsprechend deren Jahresrhythmus schwanken.

Kennt man das genaue Herkunftsgebiet seiner Pfleglinge nicht, empfiehlt sich eine Beleuchtungsdauer von 14 Stunden im Sommer und 10 Stunden im Winter, für Arten aus den gemäßigten Breiten von 16 Stunden im Sommer und 8 Stunden im Winter. Dabei sollte man die Beleuchtungsdauer immer langsam verlängern und verkürzen.

## Entgegengesetzt

In den südlichen Breiten fällt der Winter in unsere Sommermonate. Erhält man Tiere aus Gebieten südlich des Äquators, ist es oft recht schwierig, sie umzugewöhnen. Meistens bekommt man sie nur in unserem „Nordwinter“, weil sie dann aktiv sind. Am besten leitet man die Winterruhe, also die kühlere „Jahreszeit“ einfach ein halbes Jahr später ein, wenn auch bei uns Temperaturen und Tageslänge abnehmen. Bis dahin hält man Temperaturen und Beleuchtungsdauer konstant, entsprechend den Verhältnissen der Tiere in ihrem Sommer. Trotzdem bringt diese Methode oft Probleme mit sich. Einfacher ist die Pflege von bei uns geborenen Nachzuchten, da sie von Geburt an unsere Photoperiode (Schwankung der Tageslänge) und Temperaturschwankungen gewöhnt sind.

Für den Terrarianer ist es natürlich wesentlich leichter, die Tiere im Winter kühl zu halten als im Hochsommer. Steht das Terrarium in einem klimatisierten Raum ohne Fenster nach außen, kann man leicht die umgekehrten Jahreszeiten imitieren. Voraussetzung ist jedoch ein technischer Aufwand, der sowohl in Anschaffung als auch Betrieb sehr teuer ist. Um den Tieren eine sich im Jahresrhythmus ändernde Beleuchtungszeit zu bieten, wäre der ideale Aufstellplatz unter einem Plexiglasdach, wie es in Wintergärten, Gewächshäusern und besonders in zoologischen Gärten möglich ist. Ein solcher Standort hat zahlreiche Vorteile für viele Reptilienarten, Ausführlicheres dazu auf Seite 96.

*Viele Agamen sind echte Sonnenanbeter.*

## Lichtintensitäten messen

Wenn man die Intensität künstlicher Beleuchtungskörper, auf die wir leider angewiesen sind, mit der des natürlichen Lichtes vergleicht, wird deutlich, dass diese Werte im Terrarium nicht einmal annähernd zu erreichen sind. Hier einige Zahlen: Die Beleuchtungsstärke einer 40-Watt-Glühlampe beträgt in einem Meter Entfernung noch etwa 35 Lux, in den Tropen in der Sonne beträgt sie etwa 100 000 Lux und selbst im Schatten eines Baumes noch etwa 10 000 Lux. Während ihrer Aktivitätsperiode sind die meisten Amphibien und Reptilien also fast nie geringerer Beleuchtung ausgesetzt, abgesehen von nachtaktiven oder auf dem Boden der Regenwälder lebenden Arten. Auf einem überdachten Balkon beträgt die Lichtintensität nur 500 Lux und direkt hinter einem Fenster nur etwa 2000 Lux. Wichtig ist, dass man sich bei der Beurteilung einer Lichtstärke nie vom persönlichen Eindruck beeinflussen lässt, sondern sie mit Luxmetern nachmisst, wie sie im Pflanzenbedarfshandel erhältlich sind.

## Die richtigen Lampen

Angaben über den Lichtbedarf der einzelnen Amphibien- und Reptilienarten sind nicht vorhanden und auch nur schwer zu ermitteln. Man muss sich auf seine Beobachtungsgabe verlassen und versuchen, Inaktivität oder auch mangelnde Farbintensität mit mehr Licht zu begegnen. Die höchsten Ansprüche stellen die Sonnenanbeter: zahllose Leguane, Chamäleons und Agamen. Oft leben diese Tiere in offenen Landschaftstypen, wie Wüsten und Trockensavannen.

Um den Tieren eine angemessene Lichtstärke zu bieten, aber auch aus Energiespargründen sollten nur hochwertige Strahler und Leuchtstoffröhren als Terrarienbeleuchtung eingesetzt werden. Ferner müssen alle Beleuchtungskörper, vor allem auch die Leuchtstoffröhren, mit Reflektoren ausgestattet sein, um ihre Leistung optimal zu nutzen.

Bei der Wahl der Lichtfarbe sollte man Leuchtstoffröhren mit einem möglichst natürlichen, dem Sonnenlicht ähnlichen Farbspektrum verwenden. Steht das Terrarium in einem separaten Zimmer, spielt die Lichtfarbe nur für die Tiere eine Rolle. Sehr angenehm für das menschliche Auge ist eine Kombination aus den Lichtfarben „tageslicht“ und „warmton“, die deshalb für das Schauterrarium im Wohnzimmer zu empfehlen sind. Die Leuchtstoffröhren sollten, zumindest bei der Reptilienhaltung, mit Niedervolt-Kaltlichthalogenstrahlern kombiniert werden, mit denen man lokale Licht- und Wärmeinseln im Terrarium schaffen kann. Dies ist optisch sehr schön und die Tiere halten sich dort auch bevorzugt auf.

Die Frage nach der Anzahl der Leuchtstoffröhren ist nicht immer so einfach, wie es in der Literatur erscheint, denn sie hängt ab von der gepflegten Amphibien- oder Reptilienart, dem Behältertyp, der Bepflanzung, der Terrarientiefe und -höhe, dem Aufstellplatz und weiteren Faktoren. Hier sollte man erfahrene Terrarianer fragen und sich auf die eigene Beobachtungsgabe verlassen.

# Feuchtigkeit

Es ist bekannt, dass kein Lebewesen ohne Wasser existieren kann. Das gilt besonders für Amphibien, aber natürlich auch für Reptilien. Im Normalfall wird Wasser durch Trinken aufgenommen. Einige Reptilienarten aus sehr trockenen Regionen haben sich ihrem extremen und lebensfeindlichen Lebensraum in der Weise angepasst, dass sie ihren Wasserbedarf fast ausschließlich über die Nahrung decken. Viele Amphibienarten nehmen Wasser über die Haut auf und verbringen einen Teil ihres Lebens im Wasser.
Feuchtigkeit wirkt also auf recht unterschiedliche Art und Weise auf die einzelnen Amphibien und Reptilien ein: als relative Luftfeuchtigkeit, Niederschlag und Substratfeuchte des umgebenden Milieus. Besonders groß ist die Abhängigkeit der Amphibien von der Feuchtigkeit, da ihre Haut sie kaum vor Austrocknung schützen kann. Sie benötigen daher auch fast immer eine feuchte Umgebung.

## Relative Luftfeuchtigkeit

Sie kann in den einzelnen Lebensräumen recht unterschiedlich sein und in bodennahen Luftschichten entsteht sie meistens durch Abgabe von Feuchtigkeit aus dem Untergrund. Für eine artgerechte Tierhaltung sind genaue Kenntnisse darüber unerlässlich. Bei den Amphibien bewirkt erhöhte relative Luftfeuchtigkeit eine Aktivitätssteigerung, während sie bei zahlreichen Reptilien für eine problemlose Häutung sorgt.
Die höchste Luftfeuchtigkeit herrscht in den Regenwaldgebieten, sowohl in den bodennahen als auch in den höheren Luftschichten. In den heißen Trockengebieten der Tropen und Subtropen schwankt die relative Luftfeuchtigkeit im Laufe eines Tages enorm. Sie ist meist nachts am höchsten und in Bodennähe fast immer geringer als in der Höhe. Genau umgekehrt verhält es sich in den gemäßigten Feuchtklimaten. Auch hier sind also exakte Kenntnisse des Lebensraums der Tiere notwendig. Was nützt einem beispielsweise die Angabe, dass ein Gecko aus den heißen und ariden Savannenlandschaften Afrikas kommt, wenn er dort nicht unter trockenen Steinen sitzt, sondern in Termitenbauten lebt, die ganzjährig eine konstante relative Luftfeuchtigkeit von 80 % aufweisen und in denen die Temperatur immer zwischen 28 und 29 °C liegt?

## Niederschlag

Feuchtigkeit tritt in der Umwelt auch als Niederschlag in Erscheinung. Er wirkt bei zahlreichen Amphibien aktivitätsfördernd und hat häufig durch Trocken- und Regenzeit einen Einfluss auf den Ablauf der Fortpflanzungsperiode. Will man Nachzucht, ist ein Nachgestalten des natürlichen Jahresverlaufes oft unerlässlich und die Reaktionen auf einen Regenschauer sind oft sehr direkt und spontan. Pflegt man Kubalaubfrösche (*Osteopilus septentrionalis*) über längere Zeit, ohne dass die Tiere sich fortpflanzen, so reicht es oft aus, das Terrarium mit Hilfe einer Kreiselpumpe mehrere Nächte hintereinander konstant zu beregnen, um die Paarung auszulösen. Auch bei einigen wüstenbewohnenden Echsen und Schildkröten kann das Überbrausen des Terrariums ein Auslöser für das Paarungsverhalten sein. Am beeindruckensten ist ein heftiges Gewitter in der Wüste, vor allem, wenn es längere Zeit nicht mehr geregnet hat. Oft verlassen die Tiere ihre Verstecke schon, bevor die ersten Tropfen fallen und begeben sich auf die Jagd. Noch am selben Tag oder am nächsten beginnen sie mit der Fortpflanzung, denn die Zeit mit ausreichend Nahrung ist meist knapp.
Für manche Arten stellt das Wasser den natürlichen Lebensraum dar. Diese Tiere sollten in möglichst großen Aquarien gepflegt werden, die gegebenenfalls einen kleinen Landteil besitzen. Das Fortpflanzungsverhalten wird bei ihnen in der Regel nur durch Temperaturschwankungen ausgelöst. Jedoch sollte man immer wissen, woher die Tiere stammen, bei-

*Wasserfälle im Terrarium können für eine hohe relative Luftfeuchtigkeit sorgen.*

spielsweise ob aus einem stehenden oder einem fließenden Gewässer.

## Wichtig für die Eiablage

Oft wird bei der Pflege zahlreicher Amphibien und Reptilien der Substratfeuchte zu wenig Beachtung geschenkt. Tiere vieler Arten können Feuchtigkeit aus dem Substrat über die Haut aufnehmen und sind so relativ unabhängig von offenen Gewässern. Sehr wichtig sind feuchte Verstecke und Rückzugsgebiete, die aufgrund der Verdunstungskälte meist kühler sind als die Luft. Entscheidend ist die richtige Substratfeuchte bei der Pflege von Reptilien, die weichschalige Eier legen. Diese nehmen die für ihre Entwicklung benötigte Feuchtigkeit durch die wasserdurchlässige, pergamentartige Schale auf. Zu geringe Substratfeuchte würde zu Wasserverlust und damit zum Absterben der Eier führen. Zu hohe Substratfeuchte kann dagegen eine zu starke Wasseraufnahme bewirken, sodass der Embryo nicht mehr in der Lage ist, das Ei aufzuschneiden und erstickt.
Die meisten Amphibien legen ihre Eier direkt ins Wasser, wo dann die Entwicklung des Eies und später der Kaulquappen stattfindet. Nur wenige setzen ihre Gelege an Land ab und haben dann oft komplexe Verhaltensweisen zur Versorgung des Nachwuchses mit Wasser entwickelt. Bekanntestes Beispiel sind manche Pfeilgiftfrösche, bei denen die Eltern die Gelege aktiv bewässern.

# Das Terrarium als Lebensraum

Nachdem wir die klimatischen Voraussetzungen behandelt haben, wollen wir uns mit weiteren Anforderungen an ein tiergerechtes Terrarium beschäftigen. Ist es wirklich nötig, dass man ein Terrarium mit Pflanzen und Steinen einrichtet, die aus der Heimat der Tiere stammen? Darf man nur Tiere aus dem gleichen Verbreitungsgebiet gemeinsam pflegen? Das sind zunächst Fragen des persönlichen Geschmackes, die auf den Haltungserfolg keinen Einfluss haben.
Den einzelnen Amphibien und Reptilien ist es ziemlich gleichgültig, ob sie zum Beispiel auf australischem oder auf norddeutschem Sand oder auf dem Blatt eines nordamerikanischen oder ostafrikanischen Farns sitzen. Auch in der Natur haben sie von dem, was wir als natürlichen Lebensraum bezeichnen, ihre eigenen Vorstellungen. So wechselt manche Art von Baumstämmen zu Zaunpfosten oder von Felswänden auf Hausmauern über und lebt in der unnatürlichen Umgebung offensichtlich auch nicht schlechter. Ein Draht kann ebenso eine Sitzgelegenheit darstellen wie das schönste Geäst.

## Wie natürlich ist natürlich?

Es ist eine Illusion, dass eine artgerechte Haltung nur bei genauer Nachgestaltung des natürlichen Lebensraums möglich sei. Wie soll man sich auch sonst erklären, dass sich zahlreiche Tierarten problemlos an den neuen Lebensraum Müllhalde angepasst haben und sich dort bester Gesundheit erfreuen? Dieses „Biotop“ will nun sicher niemand in

*Eine üppige Bepflanzung ist nicht nur für das Mikroklima gut, sondern bietet den Tieren auch zahlreiche Versteckmöglichkeiten.*

### Minidschungel

Die meisten Terrarianer versuchen, nur ein kleines „Biotop“ im Wohnzimmer zu schaffen. Dabei soll die Bepflanzung möglichst die Vielzahl der Regenwaldgewächse widerspiegeln.
Dies ist nicht leicht umzusetzen, denn die Pflege von Tillandsien und Orchideen sowie zahlreicher kleiner Farne erfordert ebenso viel Mühe und Erfahrung wie die Pflege der tierischen Terrarienbewohner.
Auch sollte man nicht vergessen, dass dann nur kleinste und sich grazil fortbewegende Amphibienarten wie Pfeilgiftfrösche, kleine Laubfrösche sowie kleine und kleinste Reptilien, wie zahlreiche *Anolis* und Geckos sich als Terrarienbesatz für kostbare Pflanzenterrarien eignen.

*Uranscodon superciliosus*

seinem Terrarium nachgestalten. Wer versucht, einen natürlichen Lebensraum im Behälter darzustellen, sollte nicht vergessen, dass ein solcher in der Natur in einem zusammenhängenden Ganzen existiert, bestehend aus Pflanzen, Untergrund und zahllosen Tierarten, besonders auch Räubern, die in vielfältiger Beziehung zueinander stehen. Man spricht von einem Öko„system“, das in einem Terrarium jedoch nicht zu verwirklichen ist.

## Eine Frage der Größe

Bei der Frage nach den geeigneten Tieren muss man immer ihre Bedürfnisse, wie Terrariengröße, Nahrungsbedarf und nicht zuletzt auch den Pflegeaufwand, berücksichtigen. Ein hübsches, kleines Jungtier oder gar eine ganze Gruppe ist schnell gekauft, ohne dass über die Konsequenzen nachgedacht worden wäre: Aus einer kleinen Echse kann in kurzer Zeit ein stattlicher Grüner Leguan werden.
Daher ist die wichtigste Frage bei der tiergerechten Haltung die nach der Terrariengröße. Diese ist jedoch von verschiedenen Faktoren abhängig, unter anderen dem Format und der Einrichtung des Beckens oder der Anlage. So sind für kletternde und baumbewohnende Arten die Maße der Bodenfläche im Vergleich zur Höhe des Terrariums zweitrangig, denn zum Beispiel halten sich Geckos und *Anolis* hauptsächlich an den Wänden oder auf der Einrichtung auf. Dagegen ist die Terrarienhöhe für bodenbewohnende Tiere völlig belanglos. Für sie kann es viel entscheidender sein, dass sie die Möglichkeit haben, sich in das Substrat einzugraben.

Die zu erwartende Größe des ausgewachsenen Tieres ist ein wichtiges Kriterium bei der Planung der Behältermaße. Die adulten Amphibien und Reptilien müssen in der Lage sein, ihre typischen Verhaltensweisen zu zeigen: Sie sollten springen und kurze Sprints bei der Jagd einlegen können. Gerade dabei sind einige Arten derart ungestüm, dass sie blindlings mit dem Kopf gegen die Scheibe stoßen können. Dies kann nicht nur bei der Jagd geschehen, sondern auch, wenn die Tiere erschreckt werden. Beobachtet man solches Verhalten bei seinen Pfleglingen, so sollte man mehrere Versteckmöglichkeiten einbringen und die Scheiben verkleiden, um die Gefahr zu verringern. Reicht dies nicht, brauchen die Tiere ein größeres Terrarium.

### Fressen und gefressen werden

Nicht vergessen darf man bei der Zusammenstellung der Terrarienbewohner, dass zahlreiche Amphibien und Reptilien andere als Futter betrachten können. Dabei sind es nicht immer die großen, die die kleinen fressen. Es gibt auch Unfälle, wo ein kleiner Echsenfresser an einer größeren Echse erstickt ist. Daher ist oft nur eine Haltung in Paaren zu empfehlen.

## Die passende Gesellschaft

Oft wird das von der Art abhängige Temperament der Tiere nicht berücksichtigt. Aber nicht nur von Art zu Art, auch von Individuum zu Individuum gibt es deutliche Unterschiede. Hier hilft häufig nur die eigene Beobachtungsgabe weiter. Angehörige lebhafter Tierarten benötigen natürlich wesentlich größere Terrarien als sich sehr ruhig verhaltende. In Bezug auf die Anzahl der Tiere ist unbedingt zu bedenken, dass sich oft mehrere Exemplare einer Art erheblich

*Auch Trockenterrarien lassen sich attraktiv bepflanzen.*

### Auf die Einrichtung kommt es an

Ganz entscheidenden Einfluss auf die Anzahl der gepflegten Tiere hat die Einrichtung des Terrariums.
So kann man zum Beispiel für kletternde Arten durch Verkleiden der Seitenwände und der Rückwand mit Naturkorkplatten sowie durch Aufrechtstellen einiger Äste den Aktionsraum erheblich vergrößern. Auch durch die Bepflanzung lässt sich der Raum in verschiedene Reviere aufteilen. Die Pflanzen dienen dabei vor allem als Sichtschutz. Wichtig bleibt jedoch, dass beispielsweise für viele Reptilien alle Reviere ihren eigenen Sonnenplatz, eine eigene Futterstelle und kühle Verstecke haben. Einige der Versteckplätze, auch bei Wüstentieren, sollten zudem immer eine hohe relative Luftfeuchtigkeit aufweisen.
Für besonders wärmebedürftige Echsen, wie beispielsweise die Tannenzapfenechse *(Tiliqua rugosa)*, müssen gesonderte Sonnenplätze mit hoher Wärme- und Lichtzufuhr geschaffen werden.

stärker stören als Terrarienbewohner verschiedener Arten.

## Reviere und Hierarchien

Das unterschiedliche Aggressionsverhalten der Pfleglinge erfordert eine gute Beobachtungsgabe. Vor allem das Revierverhalten spielt eine große Rolle. Zahlreiche Arten dulden in ihrem Revier, teilweise auch in ihrem Aktionsraum, keine weiteren artgleichen Tiere oder Vertreter ähnlicher Arten. „Verträgliche“ Arten bilden im Terrarium kein Revier aus und dulden auch andere Tiere in ihrer Nähe. Dies mag an der Gewöhnung oder auch am immer ausreichend vorhandenen Futter liegen. Andere bilden lediglich eine gewisse Hierarchie. Häufig handelt es sich dabei um Arten, die auch in der Natur in Gruppen oder zumindest in hohen Populationsstärken vorkommen.
Will man in einem großen Terrarium eine Gruppe einer Art pflegen, so beginnt man am besten mit der gemeinsamen Aufzucht einiger junger Tiere. Durch laufende Beobachtungen stellt man sich so eine harmonierende Gruppe zusammen.
Gerade bei der gemeinsamen Pflege mehrerer Tiere einer aggressiven Art müssen genügend Aufenthaltsplätze, auch für unterlegene Tiere, vorhanden sein. Dazu gehören bei den meisten Reptilienarten gute Sonnenplätze sowie kühle und geschützte Verstecke, aber auch Stellen, an denen die Tiere ungestört und unbeobachtet von ihren Artgenossen Nahrung aufnehmen können.
Tiere anderer Arten wiederum, dazu gehören zum Beispiel zahlreiche Chamäleons, sind so unverträglich, dass sie immer nur einzeln, paarweise oder in kleinen Gruppen, etwa ein Männchen und mehrere Weibchen, gemeinsam gepflegt werden können. Hier bildet das Männchen in jedem Fall sein Revier aus und vertreibt jeden Konkurrenten. Da die unterlegenen Tiere keine Ausweichmöglichkeit haben, sind sie den stetigen Angriffen des dominanten Männchens ausgesetzt, sodass Verletzungen und Nahrungsverweigerungen mit Todesfolge daraus resultieren können.

# Standort des Terrariums

*Ein klimatisierter Kellerraum kann sich für eine Terrarienanlage eignen, wie hier bei einem der Verfasser.*

Wenn der Entschluss gefasst ist, sich ein Terrarium einzurichten, muss als erstes ein geeigneter Aufstellplatz gewählt werden. Dieses immer wieder auftauchende Problem sollte nicht unterschätzt werden, denn der Standort hat einen entscheidenden Einfluss auf das Terrarienklima. Selten wird man seine Terrarien in einem Klimaraum aufstellen können. Erreichen Sonnenstrahlen ein Terrarium mit ganzer Kraft, steigen die Temperaturen sehr schnell in einen für Amphibien und Reptilien nicht mehr erträglichen Bereich. Bei sehr kleinen Behältern, zum Beispiel Aufzuchtterrarien, reichen mitunter wenige Minuten oder auch eine schwache Sonneneinstrahlung, um die Tiere zu schädigen oder zu töten. Die häufige Empfehlung in der Literatur, ein Terrarium so aufzustellen, dass eine gewisse Sonneneinstrahlung möglich ist, bezieht sich im Prinzip ausschließlich auf Gazeterrarien, in denen es niemals zum Hitzestau kommen kann. Je größer ein Terrarium und je besser es belüftet wird, desto geringer ist die Gefahr der Überhitzung. Ferner muss man auch bedenken, dass die Sonne im Winter in flacherem Winkel einstrahlt und Behälter erreicht werden, die vorher nicht beschienen wurden.

## Ein guter Platz

Um das Terrarienklima selbst bestimmen zu können, empfiehlt sich als Aufstellplatz ein Nordzimmer oder ein gut isolierter Kellerraum. Es ist immer erheblich leichter, die Temperaturen im Terrarium zu erhöhen, als sie künstlich zu senken.

Das Terrarium darf nicht vor Heizkörpern aufgestellt werden, da diese aus sicherheitstechnischen Gründen zu jeder Zeit zugänglich sein müssen. Ferner sollte der Schwenkbereich von Schrank- oder Zimmertüren und Fenstern nicht eingeschränkt werden. Niemals darf das Terrarium vor schlecht isolierten Außenwänden stehen, sodass es sie vom übrigen Raumklima trennt, da sich an der Wand sonst leicht Schimmel bilden kann.

Um Fehler zu vermeiden, zeichnet man eine Planungsskizze, auf der maßstabsgerecht die Umrisse des Raumes, der Möbel und des Terrariums dargestellt sind. Der Behälter sollte sich gut in den Raum einfügen und nicht wie ein Fremdkörper wirken.

## Gewichtige Gründe

Besitzt das Terrarium einen großen Wasserteil oder handelt es sich gar um ein Aquarium, darf man sein Gewicht nicht unterschätzen. Das Aufstellen größerer Paludarien in einer Altbauwohnung kann bereits Probleme bereiten, da ein 100 × 50 × 50 cm (Länge × Tiefe × Höhe) großes Terrarium mit einer Scheibenstärke von 8 mm ein Eigengewicht von etwa 40 kg auf die Waage bringt. Pro Quadratmeter und Millimeter Glasstärke muss man mit etwa 2,5 kg Gewicht rechnen. Hinzu kommt das Gewicht des Wassers von 100 kg bei einem Wasserteil von 100 l Inhalt – bei einem Wasserstand von 20 cm im gesamten Behälter. Insgesamt wiegt ein solches Paludarium dann ohne Bodengrund (Sand, Steine), technische Ausstattung und weitere Einrichtungsgegenstände bereits 140 kg. Hinzu kommen das Gewicht des Unterbaus, auf dem das Becken steht, sowie das des Beleuchtungskastens.

Auf diese Weise ergibt sich schnell eine besorgniserregende Belastung. Daher darf man auf keinen Fall ein schweres Terrarium auf einen zu schwachen Unterbau setzen, wie zum Beispiel auf eine nicht genügend gestützte Spanplatte oder auf eine zu geringe Bodenfläche konzentrieren – besonders beim Holzfußboden im Altbau. Es kann sich lohnen, sich über die statische Belastbarkeit der eigenen Wohnräume, wenn es ein Altbau ist, vorher zu informieren.

### Kühle Überwinterung im Keller

Pflegt man Tierarten aus gemäßigten Breiten im Keller, braucht man zur Einhaltung der Winterruhe meistens nur die Heizung abzustellen und die Beleuchtungsdauer zu reduzieren. Dies vereinfacht die Pflege um ein Wesentliches.

Doch die Temperaturen dürfen auch nicht zu stark absinken, sonst können die Tiere Schaden nehmen. Die Gefahr besteht vor allem in Gewächshäusern und Wintergärten, aber auch in einem schlecht isolierten Keller können die Temperaturen unter die Frostgrenze fallen.

In diesen Räumen sollte man eine mit elektronischem Temperaturfühler gesteuerte Heizung installieren, die solche ungewollten Temperaturabsenkungen verhindert.

In jedem Fall sollten vor dem Besetzen des Terrariums mit Tieren die Temperaturen über einen längeren Zeitraum gemessen und beobachtet werden.

# Unterschiedliche Terrarientypen

Um die bisherigen Grundsatzerwägungen etwas stärker zu konkretisieren und die Auswahl des geeigneten Terrarientyps zu erleichtern, sollen im Folgenden einige Terrarien kurz vorgestellt werden, die unterschiedliche Lebensräume widerspiegeln und den verschiedenen Ansprüchen der Tiere gerecht werden. Damit haben wir jedoch keineswegs alle Terrarientypen aufgelistet, sondern nur eine beispielhafte Auswahl getroffen.

Aufgrund der teilweise extremen Spezialisierung der einzelnen Tierarten können die vorgestellten Modelle nur eine grundsätzliche Einteilung darstellen und nicht alle Bedürfnisse der einzelnen Arten befriedigen. Hier bleibt jedem Terrarianer nichts anderes übrig, als selbst zu versuchen, die Haltungsbedingungen in seinem speziellen Terrarium zu optimieren. Weitere Informationen dazu finden Sie in der allgemeinen Literatur zu den einzelnen Arten.

## Aquarium

Ein reines Aquarium wird in der Terraristik nur selten verwendet, weil es sich nur zur Pflege von Arten eignet, die vollständig an das Leben im Wasser angepasst sind und keinen Landteil benötigen. Dabei handelt es sich vor allem um die Larven zahlreicher Frosch- und Schwanzlurche, aber auch erwachsene Amphibien, wie einige Salamander, Axolotl, Wabenkröten und Krallenfrösche.

Aquarien sind in den unterschiedlichsten Materialien und Maßen im Zoofachhandel erhältlich. Der Selbstbau ist ebenfalls leicht möglich, denn aufwendige Klebearbeiten, wie sie für die Lüftungsflächen

*Bei vielen Schwanzlurchen findet die Fortpflanzung in einem bepflanzten Wasserteil des Terrariums oder im Aquarium statt.*

## Grundlegend: die Rahmenkonstruktion

Bei dem hier zeichnerisch dargestellten Beispiel handelt es sich um ein Terrarium, welches beim Bau bereits in ein Möbelstück integriert wurde. Unterschrank, Terrarium und Beleuchtungskasten sind fest miteinander verbunden.
Dies lässt sich am leichtesten mit der sogenannten Rahmenkonstruktion verwirklichen, bei der ein fester Holz- oder Metallrahmen die Grundlage für das gesamte Bauwerk bildet. Der Selbstbau derartiger Behälter setzt allerdings einiges an handwerklichem Geschick voraus. Das eingesetzte Terrarium sollte aus Glas gebaut werden. Will man es ebenfalls aus Holz herstellen, sollte man auf jeden Fall wasserresistente Siebdruckplatten dazu verwenden. Der Beleuchtungskasten muss immer durch eine Glasscheibe oder Gazefläche vom Terrarium abgetrennt sein.

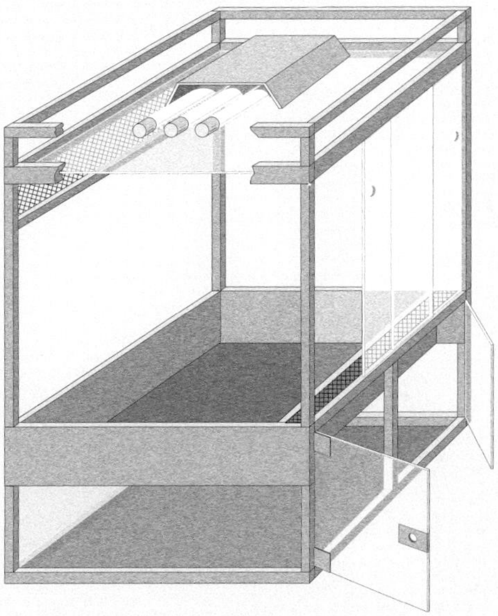

erforderlich sind, entfallen. Ein Aquarium großer Grundfläche ist einem hohen Becken vorzuziehen, da eine möglichst große Oberfläche den notwendigen Gasaustausch gewährleistet. Nicht vergessen darf man, dass aufgrund des hohen Gewichtes ein stabiler Unterbau nötig ist.

## Einrichtung, Beleuchtung, Wartung

Über Einrichtung und Wartung eines Aquariums für Amphibien braucht hier nicht allzu viel gesagt werden, weil es sich in dieser Hinsicht kaum von einem Aquarium für Fische unterscheidet und dazu genügend Spezialliteratur zur Verfügung steht.
Die Reinigung des Wassers erfolgt mit einem Filter, der den Inhalt des Aquariums möglichst mehrmals pro Stunde umwälzt. Dennoch sollte einmal in der Woche ein Teilwasserwechsel (etwa ein Drittel bis die Hälfte der gesamten Wassermenge) vorgenommen werden.

Die Beleuchtung erfolgt am besten durch Leuchtstoffröhren und die Regelung der Wassertemperatur mit einem vom VDE geprüften Heizregler. Die Heizung muss so angebracht sein, dass sich die Tiere keine Verbrennungen (Verbrühungen) zuziehen können.
Als Bodengrund verwendet man am besten den üblichen Aquarienkies, der ebenso wie einige robuste Wasserpflanzen, wie zum Beispiel Amazonasschwertpflanzen oder Vallisnerien, im Aquarienhandel erhältlich ist. Verstecke schafft man am einfachsten durch das Einbringen von Moorkienholzwurzeln. Alle hier erwähnten Gegenstände sind in jedem guten Zoofachgeschäft meist in großer Auswahl vorhanden.

# Aquaterrarium und Feuchtterrarium

*Auch Wasserschildkröten benötigen von Strahlern erwärmte Sonnenplätze.*

Bei beiden Terrarientypen unterscheidet man zwischen beheizten und unbeheizten Becken, je nachdem, welche Tierart darin gepflegt werden soll. Gemeinsam ist ihnen ein Wasserteil und ein Landteil, von unterschiedlicher Größe und Gewichtung, je nach bevorzugter Lebensweise der Pfleglinge.

## Aquaterrarien

Dabei handelt es sich um Aquarien mit einem mehr oder weniger großen Landteil für verschiedene Amphibien- und Reptilienarten und die daher in zahlreichen Varianten einsetzbar sind. Ungeheizte Aquaterrarien werden zur Pflege vieler Molch- und Salamanderarten, beheizte dagegen wohl am häufigsten für Wasserschildkröten verwendet. Zur Einrichtung eignen sich nur große Glasterrarien, in die ein Landteil eingesetzt oder sorgfältig eingeklebt wird. Oft ist es besser, andere einfache und zweckmäßige Behälter, wie große Plastikwannen oder Fertigteiche zu verwenden, weil die Tiere häufig ein enormes Bewegungsbedürfnis haben. Will man sehr große Bewohner wie Krokodile, einige Riesenschlangen (Anakondas) oder große Wasserschildkröten pflegen, sollten Wasser- und Landteil fest gemauert sein.

Der Landteil muss leicht von den Tieren bestiegen werden können, sollte daher immer leicht schräg ins Wasser hineinreichen und ohne glatte Flächen sein. Für nahezu vollkommen aquatisch lebende Arten wie viele Wasserschildkröten, reicht es auch, wenn man den Landteil einfach aus einer größeren Plastikwanne (Balkonblumenkasten) bildet, die ins Aquarium gehängt oder gestellt wird. Die Schildkröten nutzen den Behälter ohnehin nur zur Eiablage oder

*Regenwaldpflanzen sollten zumindest zeitweise abtrocknen können.*

als Sonnenplatz. Schlangen sind häufig unterschätzte Ausbruchskünstler. Gehen die Tiere häufig an Land, sollte der Landteil größer und am besten fest eingesetzt sein. Wichtig sind dann meist auch die erforderlichen Versteck- und Aktivitätsräume. Beleuchtet werden sollte der Behälter, abhängig von seiner Größe, mit mindestens zwei Strahlern (möglichst HQL- oder HQI-Leuchten). Eine erhellt das gesamte Terrarium, während die andere auf dem Landteil für ein Sonnenplätzchen sorgt. Bei stark Wärme abstrahlenden Lampen ist unbedingt auf den nötigen Abstand zu achten, um Verbrennungen bei den Tieren zu verhindern.
Der Wasserteil wird wie der eines Aquariums eingerichtet. Da beispielsweise Schildkröten auch eine große Menge an Kot in das Wasser absetzen, ist der Filter oft überfordert. Vorteilhaft ist dann ein Wasserteil mit einem Abfluss, der leichter gereinigt werden kann.

## Feuchtterrarien

Unbeheizte Feuchtterrarien dienen in erster Linie der Pflege einheimischer Amphibien und weiterer Arten aus gemäßigten Klimaten. Wesentlich gebräuchlicher ist das beheizte, meist ein kleiner Behälter, in dem ein Stück Regenwald nachempfunden wird.
In der Regel wird ein solches Feuchtterrarium zur Pflege kleinerer Reptilienarten und der zahllosen tropischen Amphibien verwendet.
Da die Tiere eine hohe Luftfeuchtigkeit benötigen, sollten die Lüftungsflächen nicht zu groß sein. Der Beleuchtung dienen meistens Leuchtstoffröhren. Zusätzlich sollten noch kleine Strahler installiert sein. Die Rück- und Seitenwände können mit dünnen Korkplatten verkleidet werden. Der Aufbau des Bodenteils ist schon komplizierter, wichtig dabei ist eine Drainageschicht. Die gesamte Bodenfläche kann mit einer Laubschicht, einzelnen Steinplatten und Moospolstern abgedeckt werden. Die Einrichtung bilden dann schöne Wurzeln und größere Kletteräste sowie üppige Bepflanzung.
Für größere Tiere wie Schlangen oder Großechsen muss auch der Behälter entsprechend groß sein, sodass Glas als Baumaterial oft ausscheidet. Sehr wichtig für die tiergerechte Haltung vieler großer Arten ist ein entsprechender Wasserteil, der fest auf dem Boden installiert und mit einem Abfluss versehen ist. Die Einrichtung kann denkbar einfach sein, denn große Reptilienarten zerdrücken durch ihr Körpergewicht Pflanzen sofort und viele Echsenarten betrachten sie lediglich als zusätzliche Kost.
Zum Klettern, Laufen und Schlafen müssen zahlreiche dicke und stabile Äste gut gesichert angebracht werden. Der Bodengrund braucht in der Regel nur wenige Zentimeter hoch zu sein, wenn er nicht der Eiablage dienen soll oder keine grabenden Tiere gepflegt werden. Wem dies zu karg aussieht, kann versuchen, an den für die Tiere schwer erreichbaren Stellen robuste und nicht sehr schmackhafte Pflanzen unterzubringen. Grundsätzlich aber eignen sich große Tiere weniger für das „Schmuckstück“ des Wohnzimmers.

# Trockenterrarium

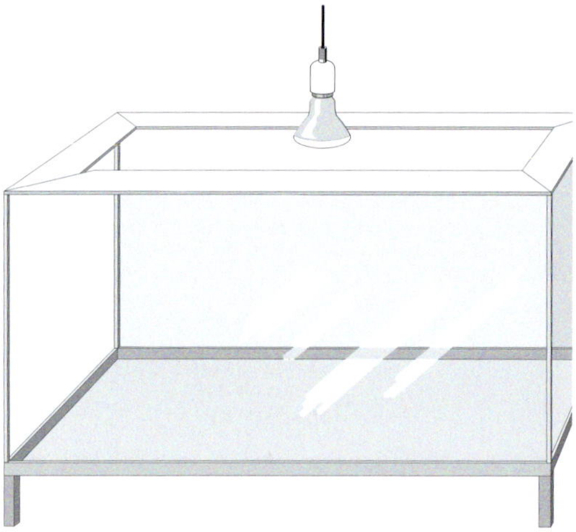

*Schematisch dargestellt: Oben offenes Trockenterrarium.*

*Wüstenleguane leben an Felswänden.*

Das Trockenterrarium eignet sich vor allem zur Pflege zahlreicher Reptilienarten aus den verschiedenen trockenen Klimazonen der Erde und bildet so eine Art Wüstenwelt im eigenen Zuhause.

## Wüstenlandschaften

Die beste Bauweise bei nicht zu groß werdenden Pfleglingen ist wieder das silikongeklebte Glasterrarium. Ganz wichtig gerade bei diesem Terrarientyp ist eine ausreichende Belüftung, weil die Tiere meist keine hohe relative Luftfeuchtigkeit, Staunässe oder Stickluft vertragen.
Als Bodengrund verwendet man Sand beziehungsweise Lehm oder ein Gemisch aus beidem, denn nur so erhält man eine feste Schicht, die das Anlegen von Gängen begünstigt. Da Tiere vieler Arten selber keine Gänge graben, sondern nur verlassene Bauten anderer Tiere bewohnen, muss man sie in diesen Fällen selbst anlegen. Aber auch Bereiche, die nur aus Sand bestehen, in den die Tiere sich leicht eingraben können, sollten bei der Pflege von wüstenbewohnenden Arten vorhanden sein. An anderen Stellen legt man Steinplatten oder Wurzelstücke auf den Boden.
Die Bepflanzung hat nur dekorativen Charakter und kann daher nach rein ästhetischen Gesichtspunkten erfolgen. Geeignet sind verschiedene Sorten von Ziergräsern und besonders die sehr dekorativen Sukkulenten.
Reine Wüstenbewohner erhalten am besten einen Bodengrund aus grobem Sand mit eingestreuten

*Auch bei einem Wüstenterrarium braucht auf eine Bepflanzung nicht verzichtet werden.*

Steinen. Darauf schichtet man einige, gegen Einsturz abgesicherte Steinplatten auf. Abgerundet wird die Einrichtung zum Beispiel mit einer Wurzel und einer oder mehreren eingetopften Sukkulenten. Bei nicht kletternden Reptilienarten eignen sich auch Glasbecken, die oben offen sind. Bei geschlossenen Becken muss immer eine gute Lüftung im Deckel und möglichst in der Seite oder der Front vorhanden sein. Die relative Luftfeuchtigkeit darf nie über einen längeren Zeitraum sehr hoch sein, sondern muss tagsüber stark zurückgehen.

## Felsenterrarium

Eine weitere Sonderform des Trockenterrariums stellt das sogenannte Felsterrarium für die felsenbewohnenden Arten dar. Auch hier ist unbedingt auf die nötige Stabilität des Behälters zu achten, da Felsaufbauten in der Regel sehr schwer sind. Wesentlich weniger Gewicht haben dagegen Rückwände aus Styropor. Wer keine Natursteine verwenden möchte oder wegen des enormen Gewichts nicht verwenden kann, sollte eine künstliche Felswand im Terrarium integrieren (siehe Seite 128). Eine weitere Möglichkeit stellen auch die im Zoofachhandel erhältlichen Fertigrückwände dar.
Der Bodengrund kann aus Sand bestehen. Einige Pflanzen oder Sukkulenten sowie dickere Kletteräste oder eine Wurzel vervollständigen die Einrichtung.

# Paludarium

Das Paludarium ist ein Becken ganz besonderer Art. Halb Aquarium, halb Terrarium, dient es als Prunkstück einer Terrariensammlung oder als kleiner Urwald im Wohnzimmer. Die Kombination von Tieren und Pflanzen kommt hier besonders gut zur Geltung. Während sich im Wasser bunte Fische tummeln, klettern auf den Epiphytenästen Frösche oder kleine Echsen umher.

## Ein Blick in den Dschungel

Damit ein derartiges Terrarium richtig zur Geltung kommt, muss es natürlich schon eine gewisse Größe aufweisen. Die Mindestmaße sollten daher etwa 100 × 60 × 120 cm (Länge × Tiefe × Höhe) betragen, wobei der Wasserteil abhängig von den gepflegten Arten ein bis zwei Drittel der Grundfläche bedecken kann und etwa 30 cm hoch sein sollte. Die geringe Bodenfläche wird durch das Volumen über dem Wasser ausgeglichen. So kann man mit Hilfe einiger dicker Äste und einer üppigen Bepflanzung eine zweite oder gar dritte Ebene als Lebensraum für bodenbewohnende Arten schaffen. Wichtig für den Gesamteindruck ist das Verhältnis der Aquarienhöhe zur Terrariengröße. Der Wasserspiegel sollte zwischen 115 und 130 cm über dem Zimmerboden liegen und entsprechend hoch sollte der Unterbau für das Paludarium vorgesehen werden. Naturgemäß zieht der Wasserteil den Blick stärker auf sich und

*Schematische Darstellung eines Paludariums (links) und die Umsetzung (rechts).*

muss daher eine entsprechend kleinere Sichtfläche bieten als der Landteil, um nicht zu sehr zu dominieren. Die Lage des Wasserspiegels sollte daher auch einer sitzenden Person einen möglichst gleich guten Einblick in die Unter- und Überwasserlandschaft gewähren. Mit etwa 40 cm ist die Breite des Wasserbeckens ausreichend gewählt, sodass die Schmalseiten auch einen Einblick in die Anlage ermöglichen. Die optische Tiefenwirkung eines mit Wasser gefüllten Aquariums ist infolge unumstößlicher Lichtbrechungsgesetze allerdings sehr gering und schrumpft bei einem Pflanzenteil scheinbar noch weiter.

## Dominierende Pflanzenwelt

Die Rück- und Seitenwände des Terrarienteils werden mit Korkplatten und anderen Materialien verkleidet und anschließend üppig bepflanzt. Auf den Bodengrund gibt man dicke Äste und Wurzeln, die den Tieren als Verstecke dienen und ein leichtes Erklettern der höheren Regionen ermöglichen. Die freien Flächen werden mit Moos und Laub abgedeckt. Da in der Regel nur kleine und leichte Tierarten in diesen Terrarien gepflegt werden, eignen sich auch empfindliche Pflanzen für das Paludarium. Besonders schön sind mit Orchideen, Tillandsien, kleinen Bromelien und Farnen dicht besetzte Epiphytenäste. Die Seiten des Behälters sollten mit rankenden Pflanzen und kleinen Bromelien bepflanzt werden, die den Pfleglingen als zusätzliche Kletterfläche dienen können.

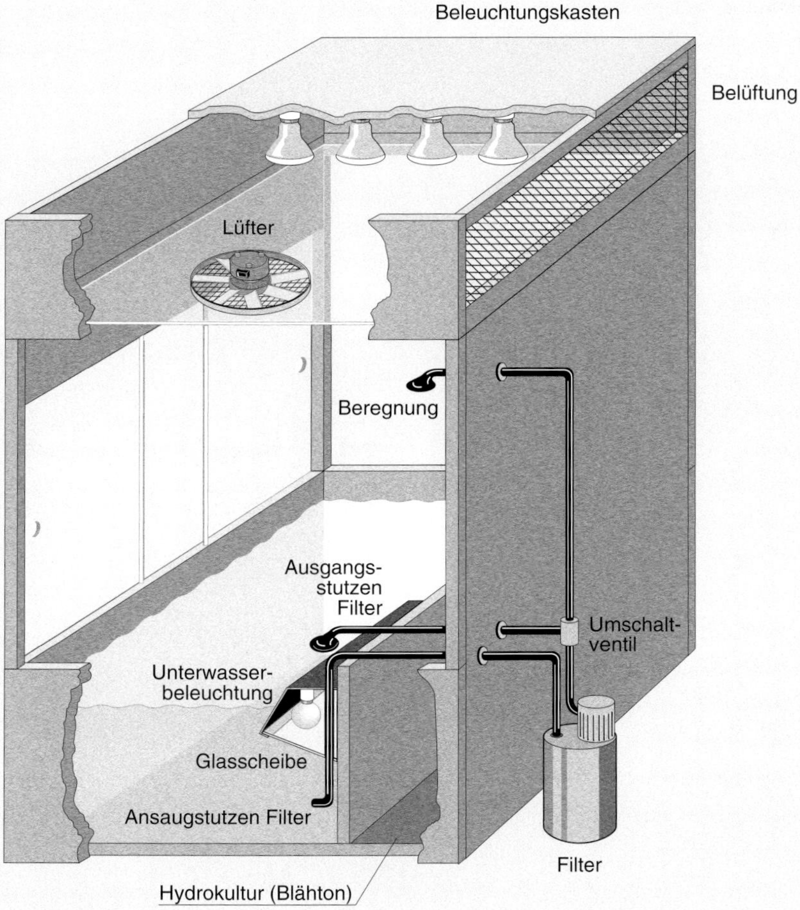


*Schematische Darstellung der technischen Möglichkeiten und Erfordernisse eines größeren Paludariums.*

# Wasserschildkröten auf dem Balkon pflegen

Wohl die meisten Terrarianer haben keinen eigenen Garten und verbringen die warme Jahreszeit auf dem Balkon. Sehr häufig möchten sie ihre Freizeit dort inmitten ihrer Tiere gestalten. Es gibt eine ganze Reihe von Möglichkeiten, seinen Balkon in ein „Freilandterrarium“ oder eine Landschaft mit „Gartenteich“ zu verwandeln.

## Ein Musterbeispiel

Hier soll die schönste Variante, entwickelt von Henry Müller, Pforzheim, vorgestellt werden, der seit etlichen Jahren die Schildkrötenarten *Clemmys guttata*, *Chrysemys picta belli* und *Graptemys pseudogeographica* in seiner Anlage pflegt und züchtet. Diese wird zwar mit enormem technischen Aufwand betrieben, funktioniert dafür aber so hervorragend, dass die Tiere sogar auf dem Balkon überwintert werden können.
An beiden Seiten des Balkons befindet sich jeweils ein großes, mit 200 l Wasser gefülltes Aquarium, das zusätzlich mit einem ausbruchsicheren Landteil ausgestattet ist, das der Eiablage und den Sonnenbädern der Schildkröten dient. Entlang der Front des Balkons ist eine Reihe großer, üppig mit Sumpfpflanzen bewachsener Balkonkästen angebracht. Alle Kästen und Aquarien sind durch Schläuche miteinander verbunden. Über den Landteilen befinden sich große Strahler, die bei Bedarf vollautomatisch zugeschaltet werden.

## Das A und O – die Steuerungselektronik

Für die gesamte technische Steuerung der Anlage wurde Elektronik verwendet, die aus den im Versandhandel erhältlichen Elektronikbausätzen zusammengestellt und auch für Laien ohne größere Schwierigkeiten zu handhaben ist. Wer jedoch ein absoluter Anfänger auf diesem Gebiet ist, sollte in jedem Falle die Hilfe eines Fachmannes in Anspruch nehmen. Auch sind die allgemeinen Vorsichtsmaßregeln unbedingt zu beachten, da die Kombination von Strom und Wasser eine tödliche Gefahr darstellen kann. So sollten zum Beispiel nur Geräte verwendet werden, die für den Außenbereich zugelassen sind und das VDE-Zeichen tragen. Die Versorgung der Bausätze mit der erforderlichen Spannung von 12 Volt (Gleichstrom) erfolgt mit einem Netzteil. Beim Kauf ist unbedingt darauf zu achten, dass es stark genug ist, den Strombedarf sämtlicher Bausätze bei angezogenem Relais zu decken.

## Heizung

Die Heizungssteuerung erfolgt über ein fertig erhältliches Temperatur-Zeit-Modul und einem dazu passenden Scanner mit Schaltstufen. Das Modul ist in der Lage, bis zu vier Messstellen in vorgegebener Zeitfolge, von einer bis zu zehn Sekunden, abzufragen und bei Unter- oder Überschreitung einer vorgegebenen Temperatur die Heizstäbe ein- und auszuschalten.
Auf diese Weise wird die Heizung in beiden Becken der Anlage so gesteuert, dass das Wasser im Winter nicht gefriert (4 °C) und in den Monaten Mai bis September auf einer Temperatur von mindestens 15 °C gehalten werden. So ist ein optimales Wachstum der Schildkröten während der Sommermonate gewährleistet und bei gut isolierten Becken reicht eine Heizleistung von 150 W völlig aus, um ein 200-l-Aquarium im Winter eisfrei zu halten. In extrem kalten Winternächten kann die Isolierung durch auf der Wasseroberfläche schwimmende Styroporstücke noch erhöht werden.

## Sonnenplatz

Da das Wasser im Sommer bei kühlerem Wetter nur auf 15 °C erwärmt wird, benötigen die Schildkröten natürlich einen Sonnenplatz, um ihre Vorzugstemperatur erreichen zu können. Anderenfalls riskiert man leicht eine Lungenentzündung der Tiere.
Mit einem Temperaturschalter und drei Dämmerungsschaltern lässt sich auch dieses Problem lösen.
Der Temperaturschalter gibt die Schwelle vor, über der die Bestrahlung erfolgen soll. Dies ist jedoch erst ab einer Lufttemperatur von 10 °C sinnvoll, da die Tiere sonst von Natur aus auch eher inaktiv sind. Oberhalb dieser Temperatur werden die folgenden Dämmerungsschalter aktiviert: Schalter 1 erkennt eine vorgegebene Helligkeitsstufe morgens, ab der die Beleuchtung eingeschaltet wird, und eine abends, ab der sie wieder erlischt. Von Schalter 1 wird pro Becken ein weiterer Dämmerungsschalter angesteuert. Dieser schaltet die Bestrahlungslampen wieder ab, wenn ein Sonnenstrahl auf die am Sonnenplatz der Schildkröten angebrachte Fotozelle trifft und gewährleistet so, dass die Lampen bei natürlichem Sonnenlicht nicht unnötig brennen.

## Filterung

Natürlich produzieren die Wasserschildkröten eine enorme Menge an Abfallstoffen, die das Wasser gerade im Sommer stark belasten. Zur Filte-

*Blick auf die im Text beschriebene Anlage.*

rung der mit bis zu acht Schildkröten besetzten Becken wurden daher Balkonblumenkästen einer Gesamtlänge von 6 m (6 × 1 m) angeschlossen. Dieses Volumen hat sich im Laufe der Zeit als ausreichend erwiesen. Die Kästen sind mit Blähton gefüllt und einheimischen Sumpfpflanzen wie Schwertlilie (*Iris pseudacorus*), Kalmus (*Acorus calamus*), Froschlöffel (*Alisma* sp.), Wasserminze (*Mentha aquatica*) und Pfennigkraut (*Lysimachia* sp.) besetzt.

Die einzelnen Balkonkästen wurden durch im Baustoffhandel erhältliches, 40 mm starkes PE-Installationsrohr miteinander und mit den Aquarien so verbunden, dass ein Gefälle entstand. Mit nur einer Pumpe werden beide Aquarien nun gefiltert. Dafür wird das Wasser aus Becken 1 abgesaugt und in die Filteranlage geleitet, fließt von dort aus in Becken 2 und gelangt dann in Aquarium 1 zurück.

Ein erwünschter Nebeneffekt dieser Methode ist, dass die Filterkästen als Wärmesammler (ähnlich Solarkollektoren) fungieren, wenn die Außentemperatur höher als die des Wassers ist. Natürlich kehrt sich der Effekt bei umgekehrten Temperaturverhältnissen ins Gegenteil. Daher musste eine Schaltung installiert werden, die ständig die Außentemperatur mit der Beckentemperatur vergleicht und die Filterung nur dann in Betrieb nimmt, wenn die Außentemperatur um etwa 2 °C über der Beckentemperatur liegt. Genau dies regelt der Bausatz „Temperaturdifferenzschaltung“ aus der Solartechnik. Das regelmäßige Trockenfallen der Filterkästen zum Beispiel nachts oder bei Schlechtwetterperioden schadet weder den Sumpfpflanzen noch den Filterorganismen, denn der Blähton bindet genügend Feuchtigkeit für ihr Gedeihen.

Da die Filterung an heißen Sommertagen täglich bis zu 8 l Wasser verbraucht (Verdunstung, Pflanzen), wurde es erforderlich, einen Wasserausgleichsbehälter von etwa 50 l Inhalt zu installieren. Mit einem Pegelschalter in Becken 1 wird der eingestellte Wasserstand ständig durch je eine Füll- und Lenzpumpe gehalten. Um ein Trockenlaufen der Füllpumpe bei leerem Vorratsbehälter zu vermeiden, wurde zur Sicherheit ein weiterer Pegelschalterbausatz installiert, der durch Erlöschen der Leuchtdiode rechtzeitig anzeigt, dass der Wasservorrat im Vorratsbehälter zu Ende geht.

Durch die äußerst effektive Filterung ist es gelungen, den Nitratgehalt des Wassers im Verlauf des Jahres ohne Wasserwechsel auf unter 50 mg/l zu halten. Lediglich das verdunstete Wasser wurde ergänzt, wobei sich interessanterweise Salzgehalt und Leitfähigkeit kaum veränderten. Offenbar wird der Überschuss an Salzen durch die stark wuchernden Sumpfpflanzen aufgenommen, die auch regelmäßig ausgelichtet werden müssen, um eine Verstopfung der Filterkästen zu verhindern.

## Im Winter

Hinzuzufügen wäre noch, dass während des Winters selbstverständlich weder Licht- noch Wassersteuerung und Filteranlage in Betrieb sind. Die Schläuche werden entleert, um Frostschäden zu vermeiden und die Filterkästen durch gelegentliches Gießen vor dem Austrocknen bewahrt. Nur die Heizungssteuerung bleibt ganzjährig in Betrieb.

# Eingerichtete Terrarien

## 2 Feuchtterrarium

Bei dem hier dargestellten Beispiel handelt es sich um ein Aufzuchtterrarium für Jungtiere tropischer Amphibien und Reptilien aus feuchten Lebensräumen.

Die Einrichtung sollte möglichst den Terrarien der erwachsenen Tiere nachempfunden werden.

Sie besteht aus einer planen Naturkorkrückwand, einigen Korkbruchstücken, die als Versteckplätze dienen, sowie verschiedenen, mit Flechten und Moosen bewachsenen Ästen.

## 1 Dschungelterrarium

Dieses beispielhaft eingerichtete Regenwaldterrarium eignet sich vor allem zur Pflege der zahlreichen, auf Bäumen und Büschen lebenden Amphibien- und Reptilienarten.

Die Einrichtung hier wird dominiert von sehr vielen dekorativ eingesetzten Lianen. Für ein üppiges Pflanzenwachstum und die für das Dschungelklima notwendige hohe relative Luftfeuchtigkeit sorgt die eingebaute Sprühanlage.

Wer einen Strahler zum Beleuchten eines „Sonnenplatzes“ ins Terrarium integrieren will oder die Einrichtung eines Sonnenplatz aufgrund räumlicher Vorgaben nicht anders möglich ist, muss den Strahler immer mit einem Schutzkorb gegen ein Berühren durch die Tiere absichern.

## 3 Felsterrarium

Dieser Terrarientyp eignet sich für Felsbewohner arider Landschaften. Die künstlichen Felsgebilde können aus auf die Wände geklebten Styroporstreifen, verputzt mit eingefärbten Fertigbetonprodukten, gebaut werden. Können die Bewohner, den Strahler springend oder kletternd erreichen, muss er mit einem Schutzkorb gesichert werden.

## 4 Regenwald mit Fröschen

Für viele im Terrarium gepflegte Frösche ist eine üppige Bepflanzung erforderlich. Unerlässlicher Helfer bei diesem Terrarientyp ist eine Sprühanlage, denn solch eine üppige Bepflanzung erhält man nur durch regelmäßige Überbrausen des gesamten Terrariums. Einige Arten der Pfeilgiftfrösche halten sich gern in den Blattachseln von Bromelien auf.

## 5 Echsenterrarium

Der Terrarientyp eignet sich vor allem für größere Echsenarten aus trockenen bis halbtrockenen Gegenden. Wände sollten je nach Art mit erkletterbaren Materialien verkleidet, die Einrichtung artabhängig ausgestaltet werden. Hier besteht sie aus Ästen, feststehend oder sicher verankert. Niemals fehlen darf ein Wassernapf, bei gelegentlich badenden Arten auch etwas größer.

## 6 Schlangenterrarium

Dieses Terrarium wurde speziell für die Pflege europäischer oder nordamerikanischer Kletternattern eingerichtet. Neben einigen Versteckplätzen auf dem Boden bieten dickere Äste, die sicher im Terrarium verankert worden sind, den Schlagen die Möglichkeit, entsprechend ihrer natürlichen Lebensweise, diese gefahrlos zu erklettern.

# Terrarien bauen

**Eine wichtige Voraussetzung für den Bau eines Terrariums ist das Einverständnis des Partners oder der Eltern. Lange vor dem eigentlichen Selbstbau erfolgt daher die Planung und Besprechung der eigenen Wünsche und Vorstellungen. Zeichnungen sind dabei zum besseren Verständnis sehr hilfreich. Nur wenn alle Beteiligten daran Gefallen finden, sollte man das Terrarium tatsächlich im Wohnzimmer aufstellen.**

# Überlegungen vorab

**Gedankenstütze für die Planung**
- **Ist die Familie einverstanden, ist genügend Platz vorhanden?**
- **Welche Bedingungen brauchen die Tiere, die Sie pflegen wollen?**
- **Welches Material wollen Sie verwenden?**

Wie unterschiedlich Terrarien aussehen können, zeigen die Zeichnungen häufig gebauter Typen von Glasterrarien rechts. Man kann aber die unterschiedlichsten Materialien für den Bau verwenden, wobei die Auswahl von den Tieren abhängt. So wird man kein Holzterrarium für Wasserschildkröten oder tropische Frösche bauen, denn selbst bei bester Imprägnierung werden nach einiger Zeit Probleme auftreten. Wer jedoch unbedingt sein Terrarium aus Holz machen will, kann Boden, Rückwand und Seiten aus etwa 15-mm-starken Siebdruckplatten bauen, die aus mehrfach wasserfest verleimten Sperrholzplatten mit einer Phenolbeschichtung bestehen. Bei ihrer Verarbeitung müssen jedoch alle Holzverbindungen wasserfest verleimt werden. Wasserfest sind auch Materialien wie Styropor und Styrodur.
Das Terrarium muss auch von den Ausmaßen her immer auf die Tiere zugeschnitten sein. Wenn wenig Stellfläche zur Verfügung steht, ergeben sich daraus Einschränkungen in Bezug auf Größe und Anzahl der Tiere. Ebenfalls muss ihr Wachstum berücksichtigt werden, ein Grüner Leguan kann in einem Jahr von 20 auf über 100 cm heranwachsen. Nicht nur das Volumen des Terrariums, auch seine Stabilität muss der Größe und Kraft der erwachsenen Tiere angemessen sein.
Vor dem Kauf des Baumaterials fertigt man sich eine Zeichnung des geplanten Behälters an, in der alle Maße einzeln aufgeführt und die jeweiligen Gehrungsschnitte markiert sind.

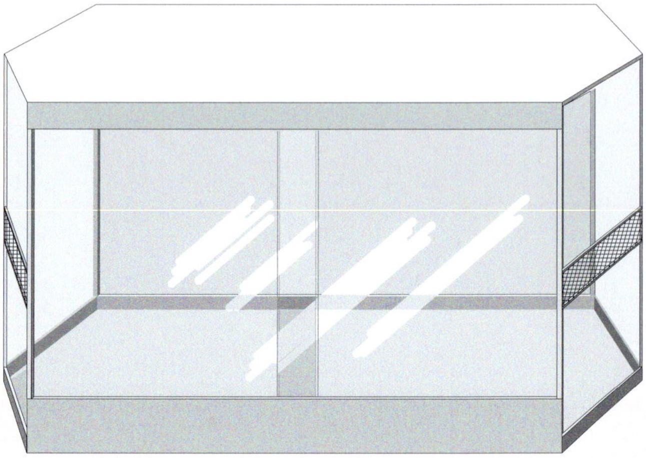

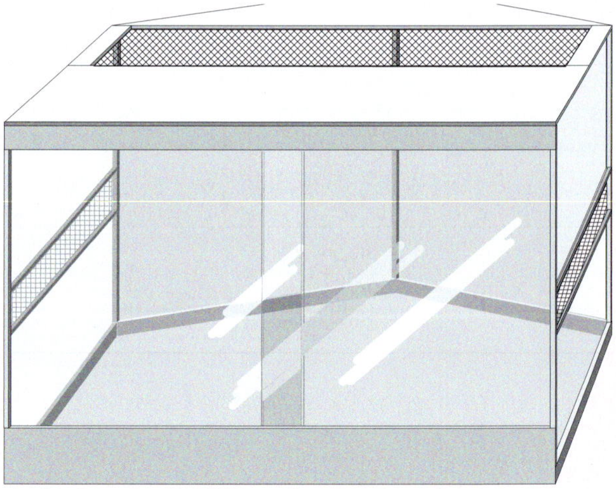

**1 Vielfalt der Formen**
Hier zwei aus vielen Beispielen, welche Möglichkeiten sich beim Bau silikongeklebter Glasterrarien ergeben. Diese variable Bauweise erlaubt es, räumliche Gegebenheiten und ästhetische Ansprüche so zu vereinigen, dass schließlich eine funktionelle und durchaus ansprechende Terrarienform entstehen kann.

## Verletzungsgefahr reduzieren

Beim Schneiden von Glas darf die Gefahr der Schnittverletzungen an Fingern, Händen und Armen nicht unterschätzt werden. Die frisch geschnittenen Abbruchstellen an den Glasscheiben sind immer äußerst scharfkantig. So müssen die Scheiben vor der Weiterverarbeitung zuerst sorgfältig entgratet und geschliffen werden.
Man kann dies von Hand mit feinem Schmirgelpapier tun oder wie im Foto dargestellt, mit einem elektrischen Bandschleifer, der ebenfalls mit feinem Schleifband ausgestattet wird. Das Schleifgerät sollte, um die Staubbelastung beim Abschleifen der Gläser möglichst gering zu halten, mit einem Absaugschlauch am Staubsauger verbunden sein. Außerdem sollte als zusätzliche Absicherung gegen Arbeitsunfälle der Bandschleifer wie hier abgebildet, auf einer stabilen Unterlage fest montiert sein.

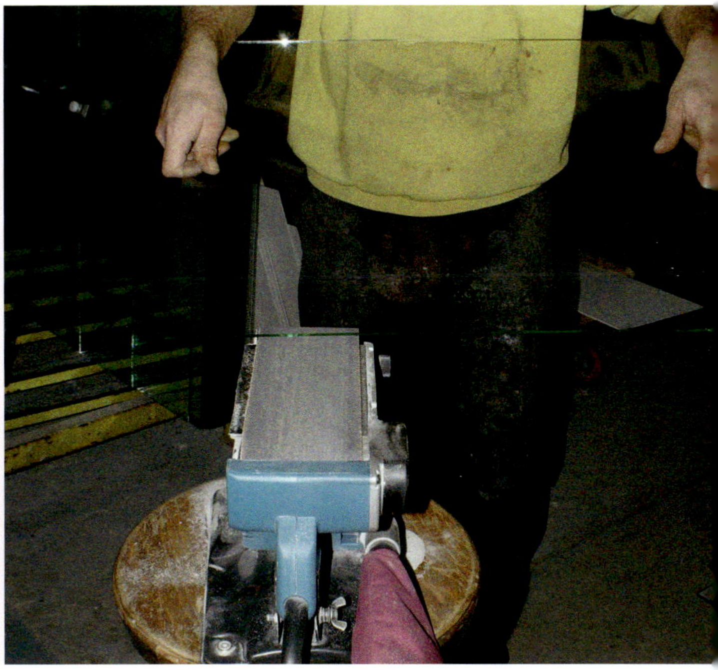

licher Standardterrarien ist die fehlende Flexibilität in Bezug auf besondere Vorrichtungen, die für eine artgerechte Tierpflege unerlässlich sind. Dazu gehören unterschiedlich große Belüftungsflächen, Bohrungen für Leitungen, ein abgetrennter Wasserteil und andere, den Ansprüchen der Tiere entsprechende Einrichtungen. Außerdem ist ein selbstgebautes Terrarium deutlich preisgünstiger als ein gekauftes.

## Nicht zu groß

Mit Silikonkleber gefertigte Glasterrarien sind für nahezu alle kleinen und mittelgroßen Amphibien- und Reptilienarten geeignet. Benötigt man jedoch sehr große Behälter, sind die Grenzen des Selbstbaus schnell erreicht. Für die Pflege größerer Tiere, von Tieren mit hohem Raumanspruch oder von Amphibien und Reptilien, die einen großen Wasserteil benötigen, müssen die Behälter eine sehr hohe Stabilität aufweisen, die nur durch eine entsprechende Glasstärke zu erreichen wäre. Daher sollten derartige Terrarien einen stabilen Rahmen besitzen, in den die Scheiben nur eingesetzt werden, oder aus Stein gemauert sein.
Für größere Terrarien verwendet man sicherheitshalber stärkeres Glas, das aber das Gewicht des Behälters sehr erhöht und den Selbstbau oft erschwert. Wenn man die benötigten Scheiben in einer Glaserei kauft, lässt man sie sich sofort nach Maß zuschneiden. Man sollte nicht vergessen, die Scheibenkanten schleifen zu lassen, um Verletzungen vorzubeugen. Preiswerter wird es, wenn man sich seine Scheiben aus Altglas aus nicht mehr benötigten Fenstern zuschneiden lässt. Wir wollen aber nicht verschweigen, dass Glas mit zunehmendem Alter spröde wird und somit leichter bricht.

## Glasscheiben bearbeiten und kleben

Die einzelnen bei der Glasverarbeitung nötigen Schritte, werden in fünf Schritten auf den Fotos Seite 44/45 dargestellt.

## Sparsam – gebrauchtes Fensterglas

Mit der Suche nach Altglas beginnt man am besten bei Firmen, die neue Fenster einbauen (Gelbe Seiten), ruft dort an und fragt, was sie mit den alten, ausgebauten Fenstern machen. Da sie diese meistens einfach in den Container werfen und die Entsorgung bezahlen müssen, bietet man nun ein für beide Seiten lukratives Geschäft an. Wenn die Fensterbauer die alten Holzfenster mit heilen Glasscheiben statt in, vor den Container stellen, kommt man abends vorbei und löst die alten Scheiben aus dem Rahmen. Den verbleibenden, geringen Müll, der zusammengelegte Holzrahmen, legt man ordentlich auf den Müllbehälter. Zum Auslösen der Scheiben benötigt man Säge, Stemmeisen und einen mittelschweren Hammer. Der Rahmen wird auf den Kopf gestellt, da das Schwitz- und Putzwasser den Kitt und das Holz auf der Unterseite schon recht mürbe gemacht hat. Anschließend wird auf einer Seite ein Schnitt von oben direkt neben dem vertikalen Kittfalz ins Holz getrieben, bis der horizontale Rahmenteil durchschnitten ist. Dann wird der seitliche Rahmenteil mit einem Stemmeisen vorsichtig gelockert, zur Seite gedrückt und so gelöst. Meist lässt sich der obere (eigentlich untere) Holzrahmenteil anschließend auch leicht abnehmen; wenn nicht, muss er mit einigen von unten geführten, vorsichtigen Hammerschlägen vom Glas getrennt werden. Als nächstes wird die letzte Seite und das untere Stück Rahmen auf gleiche Art und Weise gelöst: Schon ist man im Besitz einer Altglasscheibe (siehe Fotos Seite 40).

### 1 Fensterglas auslösen

Mit etwas technischem Geschick und dem richtigen Werkzeug gelingt das Lösen von Altglas aus einem ausgedienten Fensterrahmen. Auf den Fotos oben die ersten Arbeitsschritte: Zuerst wird der Rahmen am Ende der Glasfuge von oben aufgesägt. Als nächstes wird dann die durchgesägte Holzleiste mit einer Axt oder einem Hammer vorsichtig angehoben und schließlich vollständig gelöst. Meistens sind die Scheiben in alten Fenstern nicht mehr sehr fest mit dem Rahmen verbunden, weil die Witterung dem Holz und Fensterkitt bereits zugesetzt hat. Die restlichen Fensterrahmenteile lassen sich dann relativ leicht abziehen, sodass man schließlich die Scheibe frei hat.

### Speziell für Schlangen

Fertiges Schlangenterrarium für Kletternattern mit zwei Schubladen, die von außen zu öffnen sind und als leicht kontrollierbarer Rückzugsraum für die Tiere dienen. Die Schlangen können durch eine kleine Öffnung in der Abdeckung der Schublade in die Schublade hineinkriechen. Der Bodengrund, bestehend aus Holzeinstreu und die Schubladen werden durch eine dünne Heizfolie mild erwärmt. Die Rückwand besteht aus einer im Zoofachhandel erhältlichen, künstlichen Felswand, wobei frei gebliebene Flächen und die Seitenwände mit dünnem Kork verkleidet wurden.
Zahlreiche Kletteräste, sehr widerstandsfähige Pflanzen wie in diesem Beispiel eine Yucca-Palme, und einige Korkröhren und größere Korkstücke, die als Versteckplatz dienen, runden die Einrichtung ab.

Oberkante U-Profile und der Tiefe des oberen (tieferen) Profils. Erst jetzt kann man die Frontscheiben ausmessen und zurechtschneiden.
Nun lässt man das Terrarium noch einen Tag stehen, damit der Silikonkleber vollständig aushärten kann und keine gesundheitsschädlichen Dämpfe mehr freisetzt. Vor der Inbetriebnahme überprüft man das Becken auf seine Dichtigkeit.

## Variante

Es gibt weitere gebräuchliche Glasklebetechniken, zum Beispiel die sogenannte Rundklebetechnik. Dabei wird nicht die Schnittkante einer Scheibe mit der Fläche der anderen verklebt, sondern beide Kanten werden durch einen dickeren Strang Silikonkleber verbunden. Auch hier werden die Scheiben sorgfältig geschnitten und gewissenhaft von jeglichem Schmutz und Fett befreit.
Da der Kleber einige Zeit zum Aushärten benötigt, müssen die Scheiben vor dem eigentlichen Klebevorgang in der gewünschten Stellung fixiert werden. Dafür werden bei einem Terrarium die Rückwand, Bodenscheibe, Seitenscheiben und vordere Front und bei einem Aquarium alle Scheiben auf einer größeren Holzplatte aufgebaut.
Ringsum aufgenagelte Holzleisten verhindern das Auseinandergleiten der Scheiben. Unter die Silikonnähte wird im Bodenbereich Plastikklebeband geklebt, damit sich der Klebstoff nicht mit dem Holz verbinden kann. Im Bereich der Oberkanten werden die Scheiben mit einer Gehrungszwinge rechtwinklig zueinander fixiert, wobei Platz für die Silikonnaht gelassen werden muss.
Die senkrechten Fugen werden von außen mit Paketklebeband verschlossen. Dann presst man den Silikonkleber von innen luftblasenfrei in die Fugen, wobei man in einer Ecke des Bodens beginnt. Man glättet die Fugen sorgfältig mit dem in Spülmittel getauchten Finger. Nachdem das Terrarium oder Aquarium einige Tage ausgehärtet ist, wird es von Holzkonstruktion und Klebeband befreit. Das Aquarium ist nun fertig, während das Terrarium noch weiter bearbeitet werden muss.

# Holzterrarien

Holz ist ebenfalls ein, zumindest für Trockenterrarien geeignetes Baumaterial, weil es sich sehr gut bearbeiten lässt. Mit einer Gehrungssäge kann man die nötigen Winkelschnitte für den Rahmenbau problemlos selbst herstellen. Da es unendlich viele Möglichkeiten gibt, Holzterrarien zu bauen oder Holz im Terrarienbau zu verwenden, hier nur einige Anregungen.
Das Holz muss gegen Fäulnis behandelt sein. Damit man aber imprägniertes Holz benutzen kann, müssen die offenen Stellen wieder versiegelt werden, sodass keine schädlichen Dämpfe entweichen können. Dazu eignet sich Bootslack am besten, der jedoch mehrfach aufgetragen werden muss und mindestens sechs Wochen lang ausdünsten sollte, ehe man Tiere in das Terrarium setzt.
Selbst wenn man für den Bau eines Terrariums kein Holz verwenden will, sollte man das Material doch für eine dekorative Verkleidung in die engere Wahl ziehen, zum Beispiel von Feuchtterrarien (Rahmenterrarien).

*Grundgerüst einer Terrarienanlage aus einem Alu-Stecksystem im Rohbau. Bei dieser Anlage wurde der weitere Aufbau mit Siebdruckplatten aus Holz gefertigt.*

## Das Holzrahmenterrarium

Zum Bau eines Holzrahmens benötigt man Kanthölzer, deren Schnittflächen (Produkt der Kantenlängen) je nach Terrariengröße zwischen 5 und 100 $cm^2$ variieren können. Je größer der Behälter, desto stabiler muss der Rahmen sein.
Es gibt viele Möglichkeiten, die einzelnen Hölzer zu einem Rahmen zu verbinden. Am gebräuchlichsten sind Winkel, die man in allen Baumärkten in den verschiedensten Ausführungen bekommt. Die Winkel können außen oder innen angebracht werden. Bei ihrer Verwendung ist aber darauf zu achten, dass Kanten überstehen, wenn man sie nicht in eingefräste Vertiefungen setzt.
Eleganter ist es, den Holzrahmen mit Holzdübeln zu verbinden und zu verleimen (siehe Zeichnung Seite 58). Um eine ausreichende Stabilität zu erzielen, werden die Hölzer auf Gehrung gesägt. Dafür geeignete Gehrungssägen, an denen man den Schnittwinkel genau einstellen kann, gibt es im Baumarkt. Natürlich kommt man auch ohne Gehrung und Dübel aus, indem man die Kanthölzer nur miteinander verschraubt. Der Nachteil dieser Methode ist aber, dass sie relativ instabil ist. Auf Nägel sollte man beim Bau des Rahmens ganz verzichten.

*Rechts: Holzterrarien lassen sich zu ganzen Terrarienanlagen verbinden, die außerdem sehr dekorativ sind.*

## Speziell für Spaltenschildkröten

In ihrem natürlichen Lebensraum in Ostafrika bewohnen die Spaltenschildkröten *(Malacochersus tornieri)* enge Felsspalten. Es handelt sich dabei um an die Erdoberfläche reichende Gesteinsschichten, deren Kanten durch Verwitterung Risse und Spalten bekommen haben. Die Tiere besitzen als Anpassung an dieses Biotop einen stark abgeflachten, in weiten Teilen eher planen Rückenpanzer. Entsprechend muss die Einrichtung des großflächigen Terrariums für diese Tiere gestaltet sein.
Die Rückwand sollte aus einer Mauer aus stabil aufgeschichteten Felsplatten bestehen, die den Schildkröten ausreichend große Versteckplätze in Form flacher Höhlen bietet und gleichzeitig als Kletterfläche dient. Auch künstliche Aufbauten aus mit einem Fertigbeton verputzten Styroporplatten erfüllen die Bedürfnisse der Tiere.

genügend Platz für die Lampen ist. An einer Seite oder im Deckel wird ein Ausschnitt für die Lüftung gesägt. Diesen versieht man mit einer Lüftungsverkleidung, die man in Baumärkten bekommen kann. In den Ecken des Lampenkastens befestigen wir die gleichen Vierkanthölzer wie am oberen Rand des Terrariums. Sie werden senkrecht angeschraubt und enden 20 mm vor dem Ende des Kastens. Jetzt stellen wir den Lampenkasten über das Terrarium, sodass er auf den Vierkantleisten steht. Da der Kasten den oberen Rand des Terrariums umschließt, müssen seine Außenmaße die des Terrariums um die doppelte Plattenstärke übertreffen.
Bemisst man die in den Ecken angebrachten Leisten auch am oberen Ende des Beleuchtungskastens etwas kürzer, kann man einen passenden Deckel wie beim Glasterrarium von oben hineinlegen. Ein Deckel kann auch in der Größe des Außenmaßes des Lampenkastens angefertigt werden. In diesem Fall werden an seiner Unterseite Leisten angeschraubt, die in ihrer Position dem Innenmaß des Lampenkastens entsprechen. Jetzt kann man den Deckel von oben aufsetzen, ohne dass er verrutschen kann. Das Anbringen von Scharnieren ist eine weitere Möglichkeit, das Verrutschen zu verhindern. Vor der Installation der Beleuchtung bekleben wir die gesamte Innenfläche des Kastens mit einer Aluminiumfolie, die als Reflektor dient. Die Folie wird gemeinsam mit den angebrachten Lampenfassungen geerdet.

### Schön aber unpraktisch

Holztüren, auch solche aus Holzrahmen würden zwar zu einem Holzterrarium passen, haben aber den Nachteil, dass sie schlecht einsehbare Stellen besitzen und sich leicht verziehen können. Bei Holztüren muss man immer Acht geben, dass beim Verschließen keine Tiere einklemmt werden, denn gerade flinke und kleinere Echsen verstecken sich blitzschnell in dem Zwischenraum von Tür und Türrahmen.

# Terrarien aus Styropor bauen

*Mit einem scharfen Messer werden die Löcher ins Styropor geschnitten.*

Eine relativ neue Möglichkeit zum preiswerten Selbstbau von Terrarien stellen die immer beliebter werdenden Styroporbehälter dar. Dies sind Becken, die aus mit Silikon auf Essigbasis oder Styroporkleber zusammengeleimten Styroporplatten oder ähnlichem Polystyrolmaterial bestehen. Die Vorteile eines bereits aus solchen Dämmstoffen konstruierten Terrariums liegen in seinem geringen Eigengewicht, der preiswerten und mit etwas Übung von jedermann leicht zu realisierenden Bauweise sowie der guten Isolierung.
Allerdings dürfen auch die Nachteile nicht verschwiegen werden. So sind diese Becken relativ empfindlich gegen Stoß und Druck und sie heizen sich sehr schnell auf, was aber unter Umständen auch ein Vorteil sein kann. Der niedrige Schmelzpunkt des Materials, circa 60–80 °C, je nach Qualität, muss etwa beim Einbau von Lampen oder einer Heizung genau beachtet werden.

## Materialunterschiede

Bei der Beschaffung der geeigneten Platten sollte man wissen, dass diese vom Fachhandel in verschiedenen Größen und Qualitäten angeboten werden. In Baumärkten erhält man häufig nur „locker" gepresste Platten des Formats 100 × 50 cm, deren Stärke 20 bis 100 mm beträgt. Diese sind weniger stabil als die feinkugeligeren Produkte aus dem Modellbauzubehörhandel. Wer auch mit dieser Styroporqualität noch nicht zufrieden ist, sollte auf die in ihrer Struktur wesentlich festeren Styrodurplatten zurückgreifen, die der Baufachhandel ebenfalls in verschiedenen Größen und Stärken anbietet.

*Nach dem Ausschneiden des Lüftungslochs wird das jetzt lose Stück einfach rausgedrückt.*

Die Stärke der Platten richtet sich nach der Größe des geplanten Terrariums, den künftig darin gepflegten Tieren und den eventuellen Hantierungsabsichten. Für mittelgroße, normal belastete Behälter von etwa 100 × 50 × 50 cm (Länge × Tiefe × Höhe) reicht eine Stärke von 30 mm völlig aus.

**Schneidetrick**

Achten Sie beim Schneiden von Styropor unbedingt darauf, das Messer nicht wie eine Säge zu führen, denn dies sorgt für sehr ungleichmäßige Schnittflächen, sondern es nur minimal hin- und herzubewegen und mit sanftem Druck durch das Styropor gleiten zu lassen. Falls dies nicht perfekt gelingt, kann man die Klinge zuvor mit einem Feuerzeug oder auf andere Weise erhitzen – dann fällt das saubere Schneiden leichter.

## Schritte beim Bau

Der Bau eines Styroporterrariums erfolgt in verschiedenen Schritten. Am Anfang steht eine genaue Planzeichnung, mit der die Maße der nötigen Platten festgelegt werden. Dann beginnt der eigentliche Bau: Im ersten Schritt schneidet man die Platten mit einem sehr scharfen Messer, zum Beispiel einem Teppichschneider, auf die benötigte Größe zurecht – eine Arbeit, die durchaus etwas Übung erfordert. Die Schnitte sollten grundsätzlich nicht freihändig, sondern unter Verwendung eines Lineals, einer Reißschiene oder Ähnlichem gemacht werden. Sobald alle Platten fertig zurechtgeschnitten sind, kann man die erforderlichen Öffnungen ins Styropor schneiden: Lüftungsschlitze, Durchlässe für Stromkabel, Heizungen und so weiter, aber auch für von außen einschiebbare Futter- und Pflanzschalen. Arbeiten Sie so sorgfältig, dass keine Fluchtmöglichkeiten für die Futtertiere entstehen.

### Zusammenkleben der Teile

Die zugeschnittenen Platten mit den bereits verschlossenen Lüftungsflächen (siehe unten) bestreicht man an den zusammenzupressenden Kanten mit Kleber. Dann setzt man die Teile nach der Reihe zusammen:

- Zuerst presst man die Rückwand an den Boden.
- Darauf folgen der untere Frontstreifen und anschließend die Seitenflächen.
- Gleichzeitig wird der obere Frontstreifen auf die gleiche Art an den Deckel geklebt. Jede der Klebenähte fixiert man sofort mit langen Nägeln.
- Wenn der gesamte Rohbau fertig ist, sollte er erst zunächst vollkommen aushärten können.
- Danach klebt man dann den Deckel auf den Behälter und lässt auch diese Klebezonen aushärten.

## Belüftungsflächen schließen

Die Größe dieser Flächen richtet sich nach den Bedürfnissen der künftig zu pflegenden Tiere, während der Ort ihrer Anbringung von der Position des Terrariums abhängt. Häufig reichen schon eine größere Lüftungsfläche im Deckel und eine kleinere unterhalb der Frontscheibe völlig aus.

Die Belüftungsflächen innerhalb der Styroporplatte verschließt man vor dem

Zusammensetzen des gesamten Terrariums mit einer Drahtgaze oder einem Stück Aluminium-Lochblech. Zu dessen Befestigung spart man im Abstand von exakt 15 mm, abhängig von der Größe des zur Fixierung verwendeten Kunststoff- oder Aluminiumwinkels, rund um die Öffnung einen 15 mm tiefen Einschnitt aus dem Styropor aus.

Das zum Abdecken der Lüftungsfläche dienende Aluminium-Lochblech wird an jeder Seite 14 mm größer zurechtgeschnitten – für eine Lüftungsöffnung von 20 × 20 cm benötigt man folglich ein Lochblech des Formats 22,8 × 22,8 cm. Das Gitter klebt man nun mit Silikon so auf die Öffnung, dass es an allen Seiten um 14 mm übersteht. Dann werden die Rahmenelemente in unserem Beispiel aus 15-mm-Winkelprofilen (Kunststoff oder Aluminium) passgenau (äußere Kantenlängen = lichte Öffnungsweiten + 15 mm) auf Gehrung geschnitten und anschließend mit Silikon in die oben erwähnte Vertiefung geklebt, sodass das Lochblech unter ihnen sicher fixiert wird.

## Innenausbau

Wenn der Rohbau fertig ausgehärtet ist, kann im nächsten Arbeitsgang mit Wasser Dichtungsschlämme angerührt werden, die sich zuvor nach Wunsch mit Metalloxiden einfärben lässt. Die fertige Spachtelmasse darf in ihrer Konsistenz nicht zu flüssig geraten, sondern muss sich noch leicht verarbeiten lassen. Das Ganze trägt man nun entweder mit einem Spachtel oder den durch Gummihandschuhe geschützten Händen auf die gesamte Innenfläche auf. Hierzu wird der Behälter jeweils auf die

# Bauablauf

In den Schritten 1 und 2 wird den Bau einer Anlage beschrieben, die drei verschieden große, miteinander verbundene Terrarien enthält.
Hat man den Rahmen sauber gearbeitet und die Maße genau eingehalten, kann man die schon fertig geschnittenen Wände und Böden sofort einbauen. Sicherer ist es jedoch, wenn man die Wände erst nach Fertigstellung des Rahmens ausmisst und dann anfertigt. Hierbei lässt man an den Rändern jeweils eine Lücke von 3 bis 5 mm, die beim Einlegen der Wände durch eine Silikonnaht verschlossen wird.
Die Seiten- und die Rückwände können aus Eternit, Siebdruckplatten oder auch Glas angefertigt werden. Wählt man Glas als Boden, verwendet man am besten 8 bis 10 mm starkes Drahtglas. Seiten- und Bodenplatten werden auf eine starke Silikonklebernaht gepresst, die vorher auf den Rahmen aufgetragen wurde. Wer Eternitplatten verwendet hat, kann sie zur Sicherheit an den Ecken mit Blindnieten befestigen.
Am nächsten Tag werden alle Zwischenräume mit Silikonkleber versiegelt. Lüftungsflächen müssen aus den Eternit- und den Siebdruckplatten ausgeschnitten und mit feiner Drahtgaze bedeckt werden. Metallgaze kann mit dem Aluminiumprofil fest vernietet werden (siehe Foto Seite 75 oben).
Zum Ausschneiden benutzt man für die Eternitplatten einen Winkelschleifer mit Steintrennscheibe und für die Siebdruckplatte eine Stichsäge. Die Arbeit muss wegen der Staubentwicklung im Freien durchgeführt werden, am besten zusätzlich mit Staubschutzmaske!
Die Gaze befestigt man mit Aluminium-Flachprofilen, die an den Platten mit Blindnieten oder mit Silikonkleber befestigt werden. Die Platten kann man von außen streichen oder mit Holz verkleiden.

## 1 Einzelteile zusammenstellen

Das Vierkantaußenmaß beträgt in unserem Beispiel 25 mm. Da verschieden geformte Profile gebraucht werden, müssen sie auch in der Zeichnung gekennzeichnet sein. Profil Nr. 1 hat zwei gegenüberliegende Stege und wird an den Stellen benutzt, an denen man einen Übergang benötigt, entweder von zwei Terrarien zueinander oder vom Terrarium zum Beleuchtungsteil.
Die Stege des mit Nr. 2 gekennzeichneten Profils bilden einen rechten Winkel. Dieses Profil wird hauptsächlich für den Aufbau eines normalen Terrariums verwendet. Bei den Stegen beider Profile muss sehr genau auf die Gehrungsschnitte geachtet werden. Profil Nr. 3 hat keine Außenschenkel; es wird zum Bau der Füße benutzt. Natürlich kann man ein Terrarium auch ganz aus den Profilen 2 und 3 bauen.
Die Profile werden in der Zeichnung nummeriert. Danach notiert man die unterschiedlichen Längenmaße und Stückzahlen. Die unterschiedlichen Profile stoßen an den Ecken auch auf verschiedene Weise aufeinander. Man muss also auch die Ecken kennzeichnen und die Schnitte festlegen (gerade Schnitte und Gehrungsschnitte). Die Gehrungsschnitte betreffen nur die Stege, das Vierkantrohr bleibt immer gerade.

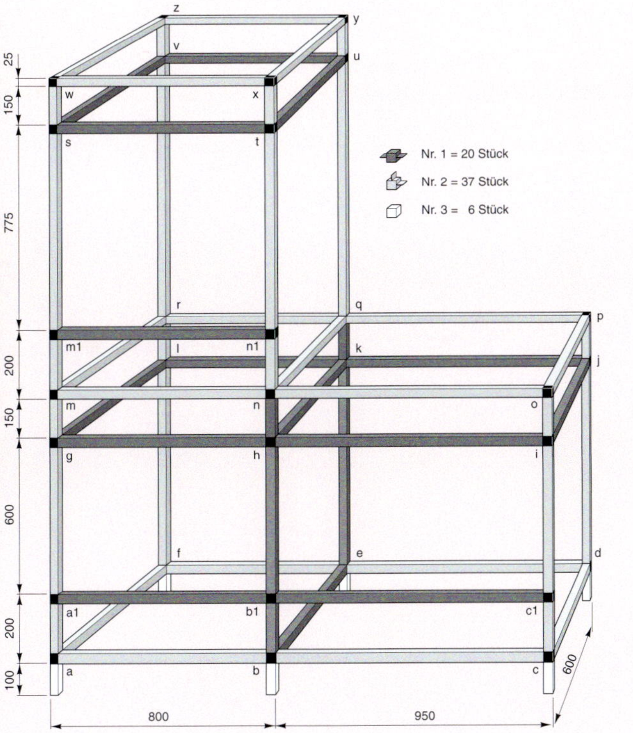

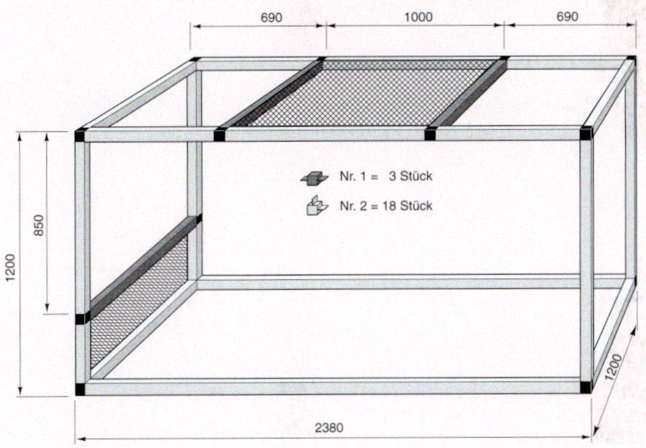


## 2 Teile kennzeichnen

Die Kennzeichnung erfolgt im Beispiel nach Buchstaben. So müssen an Verbindung „a“ alle Stege auf Gehrung gesägt werden. An Verbindung „n“ wird es komplizierter. Hier müssen die Stege der Profile Nr. 2 alle auf Gehrung gesägt werden; Profil Nr. 1 wird gerade abgesägt. Am anderen Ende muss Profil Nr. 1 aber auf Gehrung gesägt werden (Verbindung „h“). Die Verbindung „k“ ist noch schwieriger. Hier müssen die Enden von den Verbindungen „e“, „l“, „p“ und „q“ auf Gehrung, die Verbindung von „h“ aber gerade abgesägt werden.

Es ist wichtig, sich jede Verbindung auf der Zeichnung anzusehen. Am besten schreibt man sich mit einem Bleistift an jedes Ende eines Profils die Nummer des Winkels. Zur besseren Kontrolle beginnt man an einer unteren Ecke mit dem Aufbau des Gestells und setzt zuerst die gesägten Teile zusammen. Alle weiteren Stäbe hält man vorher an und markiert die abzusägenden Ecken.

## 3 Kleine Version genietet

Auch aus einfachen Aluwinkeln und Alu-T-Profilen, wie sie in jedem Baumarkt erhältlich sind, lassen sich stabile Terrarien anfertigwen. Die Profile werden mit Blindnieten verbunden. Je nach Größe des Terrariums verwendet man Blindnieten von 3 bis 6 mm Durchmesser. Die Länge der Nieten hängt von der Stärke des Materials ab.

## 4 Die ersten Schritte

Man kann nach dieser Methode stabile Terrarien aus 20-mm-Winkeln und T-Profilen bis zu 50 × 40 × 50 (Länge × Tiefe × Höhe) bauen. Die Stärke der Profile beträgt üblicherweise 2 mm. Für den Bau sägt man zuerst alle Teile auf die passende Länge zu. Hierfür zeichnet man sich wieder das Terrarium mit allen Maßen auf. Weitere Schritte siehe nächste Seite.

*Alu-Stecksysteme lassen sich in nahezu jede Raumsituation, auch in Schrägen einpassen, wie an dieser fertigen Anlage gut zu erkennen ist.*

## Weitere Bauschritte beim genieteten Alu-Steckterrarium

Die Winkel des Grundrahmens und des Oberteilrahmens werden auf Gehrung gesägt. Die vier vertikalen Winkel setzt man später in den Grund- und Oberteilrahmen ein. Um eine Höhe von 50 cm (Außenmaß) zu erhalten, zieht man die doppelte Materialstärke der Profile von der Länge der vertikalen Winkel ab. Bei einer Materialstärke von 2 mm erhalten wir eine Länge von 496 mm.

Nun legt man den Bodenrahmen zusammen, sodass die Ecken rechtwinkelig sind. Von jeder Ecke aus misst man 10 mm ab und bohrt mit einem Bohrer, dessen Durchmesser den der Blindniete um 0,2 mm übertrifft, ein Loch genau in der Mitte der hoch stehenden Schenkel. Jetzt stellt man die vertikalen Teile nacheinander in den zusammengelegten Rahmen hinein und zeichnet die gebohrten Löcher an ihnen an. Danach werden auch in die vertikalen Winkel gleichgroße Löcher wie in die Rahmenteile gebohrt. Nun können die Teile mit Blindnieten verbunden werden. Genauso verfährt man mit dem Oberteil. Damit die Schiebescheiben nicht auf den Boden reichen, benutzt man ein 20 mm starkes T-Profil, das auf eine Länge von 50 cm zugeschnitten wird. An beiden Enden wird in den Steg des T-Profiles ein 3 mm breiter Schlitz von 22 mm Länge gesägt. Bevor man den oberen Rahmen des Terrariums befestigt hat, schiebt man das T-Profil von oben über die beiden vorderen senkrechten Winkel und klemmt es mit zwei Schraubzwingen in der gewünschten Höhe an. Auch hier bohrt man an jeder Seite ein Loch durch beide Profile und verbindet die Teile mit Blind-

### Jungschlange im Rack-Terrarium

Die besten Aufzuchtergebnisse bei zahlreichen Schlangenarten erzielt man, indem die Nachzuchten einzeln und nahezu stressfrei gehalten werden. Die idealen Aufzuchtterrarien stellen daher oft nicht zu große und nicht nach allen Seiten einsehbare Behälter dar, in denen sich die Tiere in ihr Versteck zurückziehen können.
Dabei kann die Einrichtung denkbar einfach gestaltet sein: Neben einer Holzeinstreu als Bodengrund sollte auch immer ein Versteckplatz beispielsweise in Form einer Tonschale mit einer Öffnung vorhanden sein. Niemals fehlen darf ein Wassernapf, aus dem die Jungschlangen jederzeit frisches Trinkwasser zu sich nehmen können. Auch Pappröhren werden von den Tieren gelegentlich gerne als Versteck angenommen. Im Foto eine junge Florida-Kiefernatter, *Pituophis melanoleucus mugitus*, während ihrer ersten Zeit, in der sie in einem Rack-Terrarium gepflegt wurde.

tems angebracht werden. Die weiter oben befindlichen Wannen profitieren von ihrer Abwärme und werden noch zusätzlich von den Beleuchtungskörpern beheizt. Falls die Temperaturen in den oberen Becken nicht ausreichen sollten, kann man oberhalb der ersten immer noch eine 27,5-W-Heizmatte des Formats 516 × 274 mm mit Doppelklebeband fixieren. Immer muss eine kleine Matte (etwa vom Format 130 × 274 mm mit einer Leistung von 6,5 W Leistung) unter den unteren Wannen vorhanden sein, da diese sich sonst nicht ausreichend erwärmen würden.

## Licht

Zum Schluss bringt man über jeder Wanne eine 3 W starken Kerze aus einer Weihnachtsbaum-Lichterketten an und zwar jeweils seitlich vorn. Diese wird an einem kleinen, zwischen jedes Fach geschraubten Metallwinkel festgeklemmt. So werden die einzelnen Kästen auch ein wenig ausgeleuchtet, und die Tiere können einen festen Tag-Nacht-Rhythmus einhalten.

Ferner hat man jederzeit Einsicht in die einzelnen Boxen, ohne dass durch Schattenwurf oder Silhouetten von oben der natürliche Fluchtreflex der Tiere ausgelöst wird oder die Pfleglinge durch häufiges Öffnen und Schließen der Schubladen gestört werden.

# Kellerschachtterrarien

Viele Amphibien und Reptilienarten benötigen zur erfolgreichen und artgerechten Haltung relativ niedrige Temperaturen oder zumindest eine starke Nachtabsenkung, die sich in einem „normalen“ Terrarium nur mit erheblichem technischem Aufwand realisieren ließen. Während diese Schwankungen, das Tag-Nacht-Gefälle also, in der Natur häufig enorm sind, fallen sie im Haus nur mäßig aus, vor allem was die Tiefstwerte angeht.
So liegt es nahe, sich die natürliche Abkühlung während der Nacht für die Terrarienhaltung nutzbar zu machen. Neben Freilandanlagen, Wintergärten und Gewächshäusern, bei denen dies keinerlei Probleme bereitet, stellte Beat Akeret (2006) eine weitere Möglichkeit zur Erreichung dieses Zieles vor: Er nutzte als Terrarium einem entsprechend umgebauten Kellerschacht.

## Vorbereitungen

Die Herrichtung des Schachtes zu diesem Zweck gestaltet sich sehr aufwendig und verlangt ein hohes Maß an handwerklichem Geschick. Im ersten Arbeitsschritt wird das alte Kellerfenster mitsamt dem Rahmen aus der Mauerwerk gestemmt. Anschließend hebt man den Bodengrund des Kellerschachtes – sofern es sich nicht um eine Betonwanne oder Ähnliches handelt – ein wenig aus und versieht ihn mit einer Drainageschicht, die das Abfließen von Sprühwasser ermöglicht. Je nach der Art, die später gepflegt werden soll, muss man auch einen hinreichenden Schutz gegen das Eingraben vorsehen. Weiterhin sollten an allen Wänden ein wasserdichter Putz oder wasserabweisender Anstrich aufgebracht werden. Anschließend ist dafür zu sorgen, dass sich der Schacht nach oben nicht von außen öffnen lässt.

*Je nach Bauweise des Kellerschachtterrariums kann noch natürliches Tageslicht ins Innere fallen.*

*Kellerschachtterrarium mit Nebelanlage.*

sonders für die Unterbringung der großen Arten, sind stabile Volieren. Als Standort für das Freilandterrarium sollte immer ein halbschattiger Platz gewählt werden, der es den Tieren ermöglicht, sich auch aus der Sonne zu entfernen.

## Festgemauert

Besonders für die einheimischen und europäischen Amphibien und Reptilien, aber auch andere Arten aus den gemäßigten Zonen empfiehlt es sich, ein dauerhaftes Freilandterrarium anzulegen, in dem die Tiere die Sommermonate verbringen können. Um ein Entweichen zu vereiteln, sollte die Begrenzung fest gemauert sein oder aus Plastikwellwänden bestehen. Sie muss, abhängig von den gepflegten Arten, etwa 40 bis 120 cm tief in den Boden reichen, um ein Untergraben durch unsere Pfleglinge oder kleine Nager zu verhindern. Ist die Außenumwandung gemauert, muss sie zusätzlich gegen Ausbruchsversuche jeder Art gesichert sein, da einige besonders geschickte Kletterer selbst mit Ölfarbe bestrichene Wände erklimmen können. Sinnvoll wäre hier ein schräg nach innen verlaufender Glasstreifen an der Innenseite des Terrariums, der auch nicht mehr durch Überspringen überwunden werden kann. Ferner dürfen keine Äste oder Grashalme, zum Beispiel umgeknickt nach einem Sturm, eine Brücke in die Freiheit bilden.

## Extra Licht und Wärme

Da die Sonnenscheindauer in den Heimatländern der Tiere meistens wesentlich länger und zudem intensiver ist als bei uns, sollte das Freilandterrarium zumindest bei den Reptilien an einer Stelle mit einer Gartenleuchte bestrahlt werden, damit die Tiere dort ihre Vorzugstemperatur erreichen können. Ferner sind die Sommer in ihren Verbreitungsgebieten wesentlich trockener, sodass die Pfleglinge durch ein, mindestens die halbe Freilandanlage überdeckendes Dach gegen zu viel Regen geschützt werden müssen. Die meisten für das Freiland geeigneten Tierarten kommen aus trockeneren Gegenden, sind in der Regel Bodenbewohner und so sollte auch die Einrichtung einem Steingarten mit spärlichem Bewuchs ähneln. Immer vorhanden sein sollte ein dichter, Schatten spendender Busch.

## Die richtige Richtung

Ein ganz wichtiger Aspekt ist die Himmelsrichtung, in der die Anlage ausgerichtet wird. Mindestens den halben Tag lang sollte die Sonne einen Teil des Freilandterrariums bescheinen – für Reptilien ist ganztägige Sonnenscheindauer noch besser. Größere Bäume, die zu viel Schatten verursachen, dürfen nicht vorhanden sein. Weder Grundwasser noch Dauerregen dürfen die Anlage überschwemmen können. Daher erbaut man sie entweder auf einem Hügel oder legt unter dem eigentlichen Boden eine etwa einen Meter dicke Drainageschicht aus großen Kieseln oder speziellen Drainagesteinen an, die das Ablaufen des Wassers gewährleisten. Eine Anlage, die am Hang gebaut wird, auch einem künstlich aufgeschütteten, ist leicht optisch attraktiv zu gestalten. Auch kann man sie in Etagen anlegen, sodass immer der beste Einblick gewährleistet ist.

## Gefahr von außen

Weiter ist unbedingt zu beachten, dass die freilebenden Tiere, in Wohngebieten hauptsächlich Katzen, aber auch Iltis und Marder und andere Räuber, wie Ratten, Spitzmäuse, Elstern, Raben und Drosseln, eine ernsthafte Bedrohung für die Terrarientiere sein können. So wird man es in den meisten Gärten nicht vermeiden können, das ganze Freilandgehege mit einem Netz oder Draht abzudecken.

*Freilandanlage zur Pflege von Landschildkröten, eingefriedet mit Palisaden.*

# Grubenanlage

Die Grubenanlage vor allem zur Pflege zahlreicher Amphibienarten besteht aus einer 80 bis 150 cm tiefen Ausschachtung, von der ein Großteil als Sickergrube dient, denn eine Drainage ist hier besonders wichtig. In Gebieten mit hohem Grundwasserspiegel sollte diese Terrarienform nicht gewählt werden. Die Größe sollte nicht unter 6 $m^2$ liegen, weil es sonst nur wie ein Loch im Boden erschiene.

## Gemauert oder betoniert

Die Wände werden am besten gemauert und mit isolierendem Putz versehen oder mit Brettern eingeschalt und aus Beton gegossen. Je nach Höhe sollte die Mauer zwischen 15 und 20 cm stark sein und zur Stabilisierung mit einer Monierung verstärkt werden. Hierfür nimmt man am besten Baumatten. Die Einschalbretter müssen sehr gut abgestützt werden, da der Beton sie sonst auseinanderdrückt. Vorher Rat bei einem Fachmann zu suchen, lohnt sich.
Die Mauer muss etwa 20 cm über den die Anlage umgebenden Boden hinausreichen, damit keine Tiere von außen hineinfallen können. Von innen wird die Wand verputzt, damit die Tiere nicht hoch kriechen können. Dazu kann man Fertigputz verwenden, nach Herstellerangaben mit Wasser angerührt, mit einer Kelle aufgetragen und mit einem Brettchen verrieben, damit die Fläche absolut glatt wird. Für zusätzliche Sicherheit kann man die Mauer mit einem 20 cm nach innen ragendem Abschlussblech abschließen, das auf der Mauer angedübelt und anschließend verputzt wird. Auch kann man rundherum Winkel von innen andübeln und darauf eine Plexiglasscheibe schrauben. So kann man überall hineinsehen.

## Boden

Will man den Boden auch aus Beton herstellen, ist es vorteilhaft, ein darunterliegendes Wasserauffangbecken einzuplanen. Es besteht aus einem aus Beton gegossenen Schacht von mindestens 40 × 40 × 50 cm (Länge × Tiefe × Höhe), der mit einer Platte verschlossen wird. In den Deckel schneidet man eine Öffnung, die mit einem Alu- oder Zinklochblech abgedeckt wird. Im Schacht installiert man eine Pumpe mit Schwimmerschalter, die überschüssiges Wasser aus der Anlage pumpt.

## Wasseranlagen

Will man einen Teich in die Anlage integrieren, kann man über einen Überlauf das überschüssige Wasser in den Schacht leiten. Eine andere Möglichkeit ist ein Kreislauf in Verbindung mit einem Bachlauf oder Wasserfall. Der Ablauf zur Pumpe muss hierbei unterhalb der Wasseroberfläche liegen, weil die Pumpe sonst den Schacht sofort leerpumpen würde. Dabei müssen die Rohre so groß gewählt werden, dass immer genügend Wasser zur Pumpe zurücklaufen kann.
Damit man auch hier überschüssiges Wasser nach lang anhaltenden Regenfällen abpumpen kann, wird in den Ablaufschlauch der Pumpe ein T-Stück eingesetzt, dessen Ausgänge mit jeweils einem Absperrventil versehen werden. Ein Schlauch führt zum Wasserfall, der andere aus der Anlage heraus. Sperrt man nun den Schlauch zum Wasserfall ab, kann man das überschüssige Wasser nach außen pumpen. Während des Betriebes sperrt man den Schlauch nach außen ab und benutzt den Bachlauf. Diese Konstruktion ist jedoch störanfällig und bei Gewitterwarnung muss jemand im Haus sein, um die Schalter rechtzeitig umzulegen. Sicherer ist es, eine tiefere Sickergrube anzulegen und eine zweite, höher gelegene Pumpe einzubauen. Diese, ebenfalls mit Schwimmerschalter ausgestattet, hat die Aufgabe, das Wasser aus der Anlage zu herauszupumpen, sobald es die vorgegebene Höchstmarke überschreitet.

*Rechte Seite: Naturnaher Gartenteich.*

# Ebenerdige Anlage und Gewächshaus

*Bartagamen fühlen sich während des Sommers in Gewächshäusern sehr wohl.*

Die ebenerdige Anlage ist wohl die gebräuchlichste Freilandterrarienform. Auch hier benötigt man eine sichere Absperrung, die je nach Tierarten in der Höhe und in der Tiefe im Boden variieren muss. Gegen das Eindringen kleiner Raubtiere kann man auf die Umfriedung zusätzlich noch einen elektrischen Weidezaun setzen. Eine Kombination aus verschiedenen Abgrenzungsmaterialien ist möglich. So können drei Seiten aus Holz, Stein oder PVC-Platten hergestellt werden und die Vorderseite zur Beobachtung der Tiere aus durchsichtigem Plexiglas oder Glas.

## Geschützte Lage

Vorteilhaft ist es, das Freilandterrarium an ein Gewächshaus oder Wohngebäude anzulehnen, noch besser zwischen zwei Häusern. Durch das günstigere Klima zwischen den wärmeren Gebäuden, vor allem im Winter, können teilweise selbst mediterrane Eidechsen dort ohne zusätzliche Heizung gepflegt werden. Bei allen Anlagen brauchen die Tiere einen trockenen und winterfesten Unterschlupf. Für die Haltung mediterraner Tiere kommt es zudem sehr auf die Lage der Anlage an. Meist muss man eine Kombination aus reiner Freilandhaltung und geschlossener Anlage anbieten. Großterrarien, Gewächshäuser oder idealerweise die käuflichen Frühbeete können gleichzeitig als Sommerquartiere genutzt werden oder man baut selbst eine Art Frühbeetanlage zum Beispiel aus einem Alu-Stecksystem.

## Der Garten als Freilandanlage

In vielen Gebieten muss man nicht viel Aufwand betreiben, um einheimische Amphibien- und Reptilienarten im Garten anzusiedeln. Wir empfehlen dafür den Bau eines Folienteiches. Darüber gibt es hervorragende Literatur. Über eine Pumpe kann man einen Wasserfall oder Bachlauf betreiben, denn es ist immer vorteilhafter, wenn eine gewisse Wasserbewegung stattfindet.
Viele Amphibien kommen nur zur Fortpflanzungszeit ans Wasser und legen dabei weite Strecken zurück. Wichtig sind auch hier die entsprechenden Überwinterungsquartiere. Der Garten sollte dicht bepflanzt sein und an sonnenexponierten Plätzen

kann man eine Legsteinmauer, die ein gutes Stück ins Erdreich eindringt, aufbauen. Wenn einmal in einem Teich Amphibien abgelaicht haben, wird man in der Regel jedes Jahr wieder mit einigen Tieren rechnen können.

## Gewächshaus

Es gibt zwei Gewächshaustypen: den angelehnten und den freistehenden. Bei der Tierpflege unterscheidet man zwischen der Nutzung des ganzen Glashauses als Terrarium und der Aufstellung einzelner Terrarien darin. In jedem Fall müssen Fenster oder andere Öffnungen durch Drahtgaze gegen den Ausbruch von Tieren gesichert werden. An den Eingang sollte sich ein Vorraum anschließen, damit freilaufende Tiere nicht entweichen und im Winter keine kalte Luft in das Gewächshaus strömen kann.

## Regenwald

Als Großterrarium eignen sich Gewächshäuser hervorragend, wobei die Einrichtung als Regenwaldterrarium mit freilebenden Tieren die schönste und interessanteste ist. Den Boden bedecken klein bleibende Gewächse wie Farne und Ranken, während man an die Seiten und in den Hintergrund höher wachsende Pflanzen stellt. Dicke Stämme bepflanzt mit Epiphyten. Ein Teich aus Folie oder Beton vervollständigt den Ausschnitt eines Regenwaldes. Einige Natursteinplatten verlegt man als Trittflächen auf dem Boden.

## Sprühanlage

Eine Sprühanlage ist für die Pflanzen und eine hohe Luftfeuchtigkeit unbedingt notwendig. Allerdings muss man bei der Anordnung der Düsen darauf achten, dass auch alle Pflanzen erreicht werden. Zum Betreiben bietet sich Regenwasser an, das in großen, frostfrei untergebrachten Fässern gesammelt werden kann. Der Vorraum ist dazu gut geeignet, da hier nahezu die gleiche Temperatur wie im Gewächshaus herrscht. Für regenarme Perioden muss ein Wasseranschluss im Vorraum vorhanden sein. Bei dem Verlegen der Rohrleitung ist auf gute Isolierung zu achten und das Rohr mindestens einen Meter tief in die Erde zu verlegen, dass es immer frostfrei bleibt. Das Wasser wird aber niemals unmittelbar der Leitung entnommen, sondern immer einem temperierten Fass. Die Sprühanlage kann mit einer Tauchpumpe betrieben und über ein Hygrometer gesteuert werden. So kann man die relative Luftfeuchtigkeit ziemlich konstant halten. Besser beschränkt man diese Steuerung auf die Nacht, sonst kann es geschehen, dass man tagsüber plötzlich im Regen steht. Am Tage genügt sporadisches Einschalten über eine Zeitschaltuhr völlig.

## Drainage

Damit das Gewächshaus nicht überflutet wird, verlegen wir an seinen Innenseiten eine Drainageschicht aus oben perforierten Abfluss- oder speziellen Drainagerohren, die mit einer Schicht grobem Kies abgedeckt werden. Die Rohre liegen etwa 0,5 m unterhalb des Bodens mit Gefälle zum Vorraum hin. Hier läuft das Wasser in einem Auffangbecken zusammen. Über eine Tauchpumpe mit Schwimmerschalter wird das Wasser nach außen oder in das Wasserfass für die Sprühanlage gepumpt.
Für den Sprühanlagenbetrieb muss das Wasser über einen Feinfilter gereinigt werden. Grober Schmutz wird dadurch vermieden, dass die Pumpe über dem Boden des Auffangbeckens steht. Der Boden muss regelmäßig gesäubert werden. Als Feinfilter wird eine kleine Plastikwanne über dem Fass befestigt. In die Wanne legt man einige Lagen Filtermaterial (Perlonwatte aus dem Zoofachhandel) und schneidet in den Boden ein Abflussloch.

# Gewächshaus

Ein freistehendes Gewächshaus kann überall aufgebaut werden. Es bestehen allerdings je nach Bundesland unterschiedliche Baurichtlinien. Je nach Größe muss eine Genehmigung beantragt werden. Hier sollte man sich auf jeden Fall vorher mit dem zuständigen Bauamt in Verbindung setzen.

## Möglichkeiten

Dass von den technischen Möglichkeiten her nach oben fast keine Grenzen gesetzt sind, zeigen die riesigen Gewächshäuser des Burgers Zoo in Arnheim.

## Wüstenterrarium

Natürlich bietet sich ein Gewächshaus auch für ein Wüstenterrarium an. Hier werden oftmals große tropische Landschildkröten gepflegt. Das Anlehngewächshaus muss an einer bestehenden Wand gebaut werden und ist damit bereits zu einer Seite isoliert. Für ein Großterrarium kann man diese Wand als Felswand herrichten. Aber auch als Stellfläche für Einzelterrarien kann sie genutzt werden.

## Ein Fundament ist wichtig

Es ist ratsam, jedes Gewächshaus auf ein festes Fundament zu stellen. Das kann sowohl ein Streifenfundament (eine in die Erde reichende Mauer) sein als auch eine geschlossene Betonplatte, die den Vorteil hat, dass keine Mäuse oder Ratten eindringen können. Aus diesem Grund muss ein Streifenfundament auch mindestens 50 cm tief in den Boden reichen.
Bei einem der Autoren wurde eine Gruppe von Anolis durch Spitzmäuse dezimiert. In diesem Fall befanden sich die Anolis in einem abgetrennten Teil eines Gewächshauses, das als Terrarium hergerichtet war. Der Boden des Gewächshauses war nicht betoniert, und das Terrarium reichte bis zur Erde. Die Mäuse gelangten durch einen Heizungsschacht in das Gewächshaus und gruben sich von dort in das Terrarium. Da das Terrarium sehr dicht bepflanzt war, hatten sie zahlreiche Versteckmöglichkeiten.
Durch das eingebrachte Futter (Grillen, Heimchen) konnten sich die Mäuse ernähren und blieben lange Zeit unentdeckt. Erst als sie sich vermehrt hatten und über die *Anolis*

*Inneneinrichtung eines Gewächshauses mit Beregnungsanlage.*

schiedlichsten Materialien. Am schönsten wirken dabei solche aus Naturstein, die an der Innenseite glatt gehalten sein müssen. Allerdings kommen auch Fertigbeton- oder Echtsteinelemente in Frage, die man wie Palisaden ins Erdreich einlässt. Ein anderes häufig verwendetes Baumaterial ist Holz, vor allem die dicken Palisaden, die eng aneinandergereiht, die Fläche umschließen. Grundproblem bei diesem Baumaterial ist allerdings die relative Vergänglichkeit. Wenn Holz in Kontakt mit dem feuchten Erdreich kommt, setzt über kurz oder lang der Fäulnisprozess ein. Daher sollte wenigstens der in den Boden eingelassene Teil aus wetterbeständigem Material oder entsprechend imprägniert sein.

## Schildkrötenland

Bei der „landschaftsgärtnerischen" Gestaltung einer Schildkrötenanlage sollte man möglichst den Bedürfnissen der Tiere gerecht werden. Als Untergrund eignen sich vor allem sandige Böden, in die sich die Schildkröten bei Bedarf auch mal leicht eingraben können. Steht im Garten nur schwerer Boden zur Verfügung, muss er an einigen Stellen durch ein leicht grabfähiges Substrat ersetzt werden oder man schüttet daraus einen Hügel auf.
Weiterhin erforderlich sind große, möglichst ganztägig der Sonne ausgesetzte Laufflächen, die nur spärlich und möglichst mit Wildkräutern und Gras bewachsen sind, damit die Schildkröten einen Teil ihrer Nahrung selbstständig im Gehege suchen und dabei ihrem Bewegungsdrang entsprechend umherwandern können. Bei sehr großen Anlagen mit wenigen Tieren kann der Bewuchs sogar für kurze Zeit als Nahrung komplett ausreichen.

*Eine etwa 40 cm hohe Wellplastikbahn an der Innenseite der Legsteinmauer des Freigeheges vorgesetzt, verhindert, dass die Ausbruchsversuche der Landschildkröten erfolgreich verlaufen.*

**Was die Schildkröten unbedingt brauchen**

Der Freilandplatz sollte möglichst ganztägig voll der Sonne ausgesetzt und windgeschützt sein, unterschiedliche Strukturen besitzen oder sich strukturieren lassen. Auch die unerlässliche Einfriedung sollte sich harmonisch ins Gartenbild einfügen.

## Futter

Die Grundnahrung der Griechische Landschildkröte besteht überwiegend aus ballaststoffreichen und eiweißarmen Wild- und Wiesenkräuter. Besonders geeignet sind Löwenzahn, Spitz- und Breitwegerich, Vogelmiere und Wegwarte. Zufüttern kann man verschiedene Gemüse – auch Salate wie Romana- und Endiviensalat – sowie einmal wöchentlich eingeweichte Heupellets. Obst wie Äpfel oder Erdbeeren wird zwar sehr gerne gefressen, doch sollte man es nur sparsam verfüttern. Eine Wasserschale mit frischem Trinkwasser sollte stets vorhanden sein.

# Verstecke, Sonnen- und Eiablageplätze

Das Terrain für die Schildkröten sollte in verschiedene Zonen unterteilt werden. Dafür eignen sich vor allem klein bleibende Büsche, die keinen übermäßigen Schatten werfen, wie vor allem strauchartige Gewürzpflanzen (Lavendel, Salbei, Rosmarin) oder ungiftige Zwergsträucher, wie Wildrosen oder Zwergkiefern. Diese Büsche dienen den Tieren als Tagesverstecke und Sichtschutz, auch gegenüber Artgenossen.

Da sich die Suche nach den Gelegen in großen Anlagen oft sehr schwierig gestaltet, sollte man seinen Schildkrötenweibchen einen idealen Eiablageplatz anbieten. Dies kann zum Beispiel ein kleiner, spärlich bewachsener Hügel sein, der stark der Sonne exponiert ist und auch sonst gerne als Lauffläche benutzt wird.

An seiner Südflanke sollte der Bodengrund aus einem Gemisch von Gartenerde und Sand bestehen. Das Substrat muss auf jeden Fall leicht grabfähig und gleichzeitig recht dunkel gefärbt sein, damit es die Sonnenstrahlen besser resorbiert und sich so schneller erwärmt. Derartige Flächen werden bevorzugt als Eiablageplätze ausgewählt.

Vervollständigen lässt sich die Einrichtung mit großen, dekorativen Gesteinsbrocken oder Wurzeln, die man in das Gehege einbringt. Eine kleine Stelle sollte nach Möglichkeit stets etwas feuchter gehalten werden, um den Tieren auch im Hochsommer ein Eingraben zu ermöglichen.

Da unser Klima nicht dem des natürlichen Verbreitungsgebiets der Griechischen Landschildkröte entspricht, muss auch stets ein trockener und warmer Unterschlupf vorhanden sein. Hier finden die Tiere Schutz vor schlechtem Wetter und den niedrigen Nachttemperaturen, die bei uns häufiger als im Mittelmeerraum vorkommen.

## Das ganze Jahr draußen

Handelt es sich um einen größeren Unterschlupf oder ein Schutzhaus, der sich während der Übergangszeiten mit Strahlern oder ähnlichen Vorrichtungen beheizen und beleuchten lässt, können die Tiere auch ganzjährig im Garten gepflegt werden. Die Schildkrötenhäuser sollten immer eine möglichst große Fläche aufweisen, um den Tieren ein ungehindertes Umherkriechen zu ermöglich. Besonders geeignet für diesen Zweck sind Frühbeete und Gewächshäuser, die nicht nur Schutz vor schlechter Witterung bieten, sondern auch einen ungehinderten Lichteinfall ermöglichen. Da sich solche Glasbehälter zügig erwärmen, bekommen die wechselwarmen Tiere so auch an kühleren Tagen die Möglichkeit, die für ihre Stoffwechselvorgänge notwendige Körpertemperatur schneller als im Freien zu erreichen.

*Als Schutz gegen kleine Raubtiere kann man einen elektrischen Weidedraht auf die Umrandung der Freilandanlage setzen.*

Alle derartigen Behausungen müssen mit einer Tür versehen werden. Dadurch hat man die Möglichkeit, das Schildkrötenhaus abends zu verschließen und Räuber fernzuhalten. Die Einrichtung lässt sich denkbar einfach gestalten: So kann in einer Ecke der Behausung ein großzügiger Haufen aus Stroh oder Laub angeschüttet werden, in dem sich die Tiere verbergen und zum Schlafen verkriechen können. Vervollständigt wird die Einrichtung durch Trinkschale und Futterplatz. Je nach Größe bietet sich auch hier die Möglichkeit, mit Hilfe von großen Blumentöpfen und Ähnlichem optisch getrennte Bereiche schaffen, sodass die Tiere einander aus dem Weg gehen können.

## Überwinterung

Griechische Landschildkröten fallen während der kühlen Jahreszeit in eine sogenannte Winterstarre, um die Kälteperiode zu überbrücken. Mit entsprechenden Vorkehrungen ist dies auch im Garten möglich. Hierzu werden die Schildkröten bis in den Oktober hinein bei ausreichend hohen Temperaturen gehalten und schließlich durch kontinuierliches Absenken der Werte bei gleichzeitiger Verkürzung der Beleuchtungsdauer auf die Winterruhe eingestimmt. In dieser Zeit verringern die Schildkröten die Nahrungsaufnahme, bis sie schließlich kein Futter mehr zu sich nehmen. Sind die Temperaturen dann konstant tief, bleiben die Schildkröten die ganze Zeit über in ihren Verstecken vergraben.
Um Ausfälle zu vermeiden, sollte im Boden unter der Schutzhütte ein Drahtkorb versenkt sein, der die gesamte Grundfläche abdeckt und etwa 60 cm tief in das Substrat hineinreicht. So lässt sich verhindern, dass sich Ratten und anderes Getier von außen in das Schutzhaus graben können. Die Seitenwände und der Boden sollten sorgfältig mit 5 cm dicken Styropor- oder Styrodurplatten isoliert werden. Im Anschluss daran wird die ausgehobene Grube mit einem lockeren Gemisch aus Rinde, Sand und Erde gefüllt, in dem sich die Tiere leicht eingraben können. Sobald sich alle Schildkröten vergraben haben, wird der Boden des Schildkrötenhauses zur besseren Isolierung gegen Forst noch etwa 30 cm hoch mit Laub und Stroh bedeckt. Natürlich muss der Eingang der Hütte fest verschlossen sein, damit weder Nager eindringen noch die Tiere bei eventuellen Wärmephasen die Hütte verlassen können.
Sicherer als jede Überwinterung im Garten ist jedoch die kontrollierte Winterruhe im Keller oder Kühlschrank. Nach Beendigung der Winterstarre können die Temperaturen langsam wieder ansteigen. Erst nach zwei oder drei Tagen sollten zusätzlich die Strahler eingeschaltet werden.

*Schön mit südlichen Pflanzen gestaltete Freilandanlage zur Zucht europäischer Landschildkröten.*

## 6 Rindenschwarten und Schieferplatten

Diese Materialien lassen sich nur in Verbindung mit Holz- oder Eternitwänden verwenden, weil die Bretter oder Platten fest angeschraubt werden müssen. Rindenschwarten sind die äußeren „Bretter" eines Baumes, an denen sich, wie der Name sagt, noch die Rinde befindet (siehe Zeichnung Seite 106). Wer dieses Material verwendet, darf nicht vergessen, dass solch eine Wand in einem Feuchtterrarium nicht ewig hält. Man sollte auf jeden Fall kein weiches Holz verwenden, denn es zersetzt sich sehr schnell.
Man kann auch vorgefertigte Wände in das Terrarium einbringen. Dazu befestigt man auf einer Holzplatte, die genau die Innenmaße der Seiten- oder der Rückwand aufweist, die verschiedenen Einrichtungsgegenstände. So kann man von hinten die unterschiedlichsten Objekte wie Äste, Korkrinde, Schwarten oder Schieferplatten anschrauben.
Schieferplatten müssen vorher durchbohrt werden. Für eine 5-mm-Schraube bohrt man ein Loch von 5,5 mm mit einem Steinbohrer ins obere Drittel der Platte. Jetzt hat man die Möglichkeit, ein durchgehendes Loch durch die Holz- oder Eternitwand zu bohren. Die Platten können dann mit nicht rostenden Eisenschrauben befestigt werden, an einer Holzwand auch mit nicht rostenden Holzschrauben (siehe Zeichnung Seite 108).

## 4 Zement und Stein

Aus Leichtbeton-Steinimitate aus dem Baustoffhandel lassen sich ganz individuelle, attraktive Rückwände gestalten (siehe vorhergehende Seiten), die aussehen wie echte Felsenlandschaften. Die Vielfalt der angebotenen Steinvarianten lässt Raum für eigenen Ideen und Wünsche bei der Zusammenstellung und Dekoration.

## 5 Geweberückwand

Die Wände dieses Regenwaldterrariums wurden mit schaumstoffähnlichem Material (Epiweb, ENT Terrarientechnik) verkleidet. Dieses wurde speziell für Terrarien entwickelt und kann bepflanzt, mit Javamoos oder mit Moos- oder Farnsporen geimpft werden. Das Javamoos sollte dazu klein gehäckselt und dann mit einem Pinsel aufgetragen werden. Anfangs muss die Wand gezielt mehrmals täglich befeuchtet werden, später genügt regelmäßiges Besprühen per Sprühanlage.

# Bodengrund

Nach der Verkleidung der Wände wird der Bodengrund in das Terrarium eingebracht. Will man Felsaufbauten gestalten, müssen diese jedoch aus Sicherheitsgründen bereits vorher auf der Bodenplatte aufgebaut werden.

## Im Feuchtterrarium

Die unterste Schicht des Bodengrundes eines Feucht- oder Regenwaldterrariums bildet bei einem bepflanzten Terrarium immer eine Drainage, die die Aufgabe hat, das überflüssige Wasser aufzufangen. Bei Glasterrarien kann man an ihr auch leicht erkennen, ob die Pflanzen wieder gegossen werden müssen. Die Drainageschicht sollte aus leichtem Material wie Styroporbrocken oder Blähtonkugeln bestehen und etwa 2 bis 3 cm hoch sein. Damit sich diese Schicht nicht mit der darüber liegenden Erdschicht vermischen kann, muss sie mit einer Lage Filterwatte oder einem ähnlichen Material abgedeckt werden.

Der eigentliche Bodengrund kann aus verschiedenen Materialien bestehen, wie zum Beispiel einem Sand-Torf-Gemisch, ungedüngte Garten- oder Blumenerde oder Lehm.

## Schicht zum Graben

Meist kommt der Höhe der Schicht nur eine untergeordnete Bedeutung zu, da viele Schlangen und Echsen ihre Eier nur in geringer Tiefe vergraben. Lediglich wenn die Weibchen regelrechte Legehöhlen graben oder die Tiere in Wohnhöhlen leben, muss eine sehr hohe Bodenschicht, die in sich eine gewisse Stabilität aufweist, vorhanden sein. Am stabilsten sind Gartenerde oder Lehm; teilweise reicht auch eine Mischung aus lockeren Substanzen aus, um einen stabilen Bodengrund zu erhalten, in dem die Tiere leicht graben können. Häufig ist es wesentlich einfacher, die Tiere an fertig gemauerte Gänge oder Holzkisten, die mit etwas Erde angefüllt und abgedeckt werden, zu gewöhnen. Gerade Schlangen nehmen dieses Angebot recht schnell an.

Zur Pflege von Pfeilgiftfröschen eignet sich auch noch eine Art „doppelter Boden". Dazu wird eine zweite Glasscheibe schräg nach hinten ansteigend über dem eigentlichen Terrarienboden angebracht. Idealerweise leitet sie das überflüssige Wasser direkt in einen Wasserteil, der den Überschuss durch einen Überlauf direkt in den Abfluss leitet. Diese Scheibe kann man nun einfach mit einer dünnen Korkplatte bekleben und mit Moos und Laubstreu verzieren, und schon ist der Terrarienboden fertig.

## Fester Grund

Eine Alternative mit zahlreichen gestalterischen Optionen ist auch das Auslegen des Bodens mit dicken Platten aus Dachdeckerkork, Styropor oder Styrodur. Diese lassen sich, in Stücke gebrochen oder gesägt, durch stufenweise Anordnung als wahre Terrassen, aber auch in Form von Überständen und Ähnlichem als einfache Versteckmöglichkeiten gestalten. So kann man sogar ganze Landschaften und Bachläufe aufbauen.

Nachdem die Grundstruktur des Terrains entstanden ist, muss die gesamte Oberfläche abschließend mit einem geeigneten Material versiegelt werden. Als ideal haben sich in diesem Zusammenhang wieder Dichtschlämme oder ähnliche Pro-

*Eine schräg eingeklebte Scheibe lässt das Sprühwasser besser ablaufen. Unter dem doppelten Boden befindet sich ein eingeklebter Abfluss.*

dukte erwiesen, die man ganz dünn mit einem Spachtel oder Pinsel aufträgt. Damit die Oberfläche keine unschön betongraue Färbung behält, kann man das Material mit Abdeckfarben eintönen oder einfach mit natürlichen Substraten wie Torf oder Kokoserde bestreuen und diese andrücken, solange das Untergrundmaterial noch nicht vollständig ausgehärtet ist.

## Wühler und Gräber

Bei der Pflege von stark grabenden Arten sollte man nie vergessen, die Pflanzen in festen Blumentöpfen eingepflanzt in den Bodengrund zu integrieren. Im Übrigen hat der Satz von Lilge & Van Meeuwen (1979) nichts an Bedeutung verloren: „Für grabende Arten sorgen wir für einen genügend festen Bodengrund und bewahren unseren Humor, wenn manche von ihnen mit hartnäckiger Grabtätigkeit wieder einmal das schön eingerichtete Terrarium völlig umgewühlt haben.“ Auf den Bodengrund legt man frische Moosplatten oder deckt die Erdschicht mit Laub ab. Vor allem bei der Amphibienpflege ist es üblich, den Bodengrund komplett aus dem als Hydrokultursubstrat erhältlichen Lekaton zu bilden und ihn anschließend mit Moos und Laub dicht abzudecken.

## Im Wüstenterrarium

Für Wüsten- und Trockenterrarien braucht man natürlich keine Drainageschicht.
Als Bodengrund verwendet man Sand, Lehm oder ein Gemisch aus beidem. Fluss- und Seesand eignen sich sehr gut, da die Körner schon stark abgeschliffen sind.
Auch mit Vogelsand haben wir gute Erfahrungen gemacht, jedoch nur bei Arten, die hartschalige Eier legen. Weichschalige Eier kamen in Vogelsand dagegen nicht zur Entwicklung. Im Wüstenterrarium wird die Bodenschicht zumindest teilweise mit einigen dünnen Steinplatten oder Kork- und Rindenstücken abgedeckt.
Alle Pflanzen werden in Pflanzschalen in den Behälter gestellt, damit man beim Gießen nicht immer den gesamten Boden anfeuchtet.

## Farben für die Tarnung bieten

Im Laufe der Evolution haben sich die Tiere oft nicht nur in ihrer Lebensweise, sondern auch in ihrem Aussehen dem Boden angepasst. So kann für einige Arten wichtig sein, welche Farbe der Untergrund aufweist. Als Beispiel sei hier *Nephrurus wheeleri* genannt, eine Gecko-Art, die auf rotem Sandboden lebt und sich im natürlichen Lebensraum zur Tarnung mit Sand bewirft.
Das Verhalten zeigen die Tiere im Terrarium nur, wenn der Bodengrund auch dort die richtige Farbe aufweist. In Deutschland findet man roten Bodengrund zum Beispiel in der Eifel.

## Bodengründe für Spezialfälle

In einem sterilen Becken benutzen viele Schlangenhalter spezielle Holzpellets als Bodengrund. Sie haben die gute Eigenschaft, überflüssige Feuchtigkeit sofort aufzunehmen. Kotreste können leicht entfernt werden.
In einem Quarantänebecken benutzt man am besten Fließpapier, da es leicht zu wechseln und somit das Terrarium leichter steril zu halten ist. Optisch etwas schöner ist Kunstrasen, der ebenfalls leicht auszutauschen und zu reinigen ist.

*Wüstenterrarium zur Pflege australischer bodenbewohnender Geckoarten. Die richtige Farbe des Bodengrundes ist für einige Tiere sehr wichtig.*

# Felsaufbauten und Kletteräste

*Schematisch dargestellt: Felswand aus Natursteinplatten links. Rechts: Kletteräste oder -bäume können zur Sicherheit fest an einer Holzplatte angeschraubt werden oder man gießt das untere Ende in einen Betonklotz ein, der dann als stabiler Standfuß dient.*

Manches Terrarientier existiert in seinem natürlichen Umfeld in kletternder, felsen- oder baumbewohnender Lebensweise. Danach wird sich auch die Innenausstattung des Terrariums richten müssen, je nachdem welche Tierart man pflegt. Eines der schwierigsten Themen bei der Gestaltung eines Terrariums ist die Integration von Felslandschaften. Da echte Steine sehr schwer sind, sollten sie nur in Terrarien mit einem soliden und stabilen Unterbau verwendet werden. Die Bodenscheibe muss sehr dick sein und völlig plan auf dem Unterbau aufliegen. Zusätzlich sollte der Behälter auf einer Hartschaummatte für Aquarien stehen, die kleinere Stöße auffangen kann.

## Gewichtige Sache

Wer nicht auf echte Steine verzichten will, muss mit deren Aufbau immer direkt auf der Bodenplatte beginnen. Sonst könnte es allzu leicht vorkommen, dass einer der Pfleglinge die Steine untergräbt und dann von ihnen zerquetscht wird. Ein größeres Mauerwerk aus Bruchstein oder Steinplatten wird immer nach einem festen Plan in das Terrarium eingebracht. Die Steine werden zu kleinen Einheiten zusammengemauert, die leicht zu entnehmen und gut kontrollierbar sind.
Zement kann man mit Metalloxidfarben nach Wunsch einfärben, um auf diese Weise dem Bauwerk ein möglichst natürliches Aussehen zu verleihen. Bevor die verbundenen Steinplatten in das Terrarium gelegt werden, müssen alle Zementbauteile

mindestens 24 Stunden lang gewässert werden. Auch die Seiten- und Rückwände kann man mit Natursteinen gestalten.
Es sollten jedoch nur möglichst dünne Platten verwendet werden, die immer in einem festen Verbund stehen müssen und keine uneinsehbaren Zwischenräume aufweisen sollten. Auch hier beginnt man mit dem Aufbau am besten direkt auf der Bodenplatte. Die Steinplatten können angeklebt oder, wenn man die Wände aus Eternit oder Holz gestaltet hat, auch angeschraubt werden. Dass die Steine vor dem Einbringen in das Terrarium gründlich gesäubert werden, muss selbstverständlich sein.

## Kunstfelsen

Wesentlich leichter und vielseitiger sind künstliche Felslandschaften. Man baut sich ein Gerippe aus dicken Kork-, Styropor- oder Styrodurplatten und -blöcken, indem man das Material mit einem scharfen Messer zurechtschneidet und mit Silikonkleber verbindet.
Die so gestaltete Landschaft kann man nun mit eingefärbtem Moltofill für außen, Ceresit Dichtungsschlämme oder mit Fertigbeton verputzen. Der Putz sorgt für den endgültigen Halt der Konstruktion. Ganz nach Geschmack kann man ihn nun mit Sand bestreuen oder mit einer Metalloxidfarbe nach Wunsch einfärben.

## Für Baumkletterer

Nicht jeder Kletterast ist auch für jedes Tier geeignet. Hier spielen Durchmesser und Beschaffenheit der Oberfläche eine ganz entscheidende Rolle. So schön ein bepflanzter Epiphytenstamm auch aussieht, so ist er doch als Kletterast für ein Chamäleon, das den Ast mit seinem Fuß umgreifen will, unbrauchbar, ebenso wie für größere Tiere, die die Pflanzen beschädigen würden.

## Stämme befestigen

Alle Kletteräste und Baumstämme müssen im Terrarium sicher verankert werden. In den meisten Fällen wird man die Äste zwischen den Wänden oder zwischen Boden und Decke einklemmen und sicherheitshalber noch mit Silikonkleber oder Moltofill (für den Außengebrauch) ankleben beziehungsweise festgipsen. Nur bei kleineren Ästen genügt es, wenn man sie nur auf dem Terrarienboden befestigt.
Klebt man dagegen Stücke verschieden großer Abflussrohre auf dem Boden fest, in die man die Äste hineinsteckt, gibt man ihnen einen sicheren Halt.
Zwei große Stämme stellt man gegeneinander und bohrt ein Loch durch beide, in das ein Holzdübel geschlagen wird.
In einem Holzterrarium kann man die Stämme anschrauben und in einem gemauerten Becken an mehreren Stellen andübeln. Das Eingießen des unteren Stammbereiches in Beton oder das Anschrauben auf eine Holzplatte sind weitere Möglichkeiten. Es muss jedoch grundsätzlich immer wieder die Festigkeit kontrolliert werden.

### Zeigt her eure Füße

Alle Echsenarten mit Haftpolstern an den Füßen (*Anolis* und Geckos) bevorzugen glatte Stämme wie die von Buche und Birke.
Andere brauchen eine raue Rinde, mit ihren Krallen fänden sie sonst keinen Halt. Baumschlangen sollte man unterschiedliche Äste anbieten.
Einige der Gattungen *Corallus* und *Chondropython* ruhen lieber auf glatten Stämmen, streifen ihre alte Haut aber sehr gerne an einer rauen Borke ab.

Jedes Holz verrottet nach einer bestimmten Zeit, in einem feuchten Terrarium eher als in einem trockenen. Sehr haltbar und besonders für kleinere Becken sehr dekorativ sind Moorkien- und Steinholz, die hauptsächlich in Aquaterrarien verwendet werden.

# Wasser – stehend und fließend

Unabhängig davon, ob es den Terrarientieren zum Trinken oder zum Baden dient, das Wasserbecken muss leicht zu säubern und immer mit frischem Wasser gefüllt sein.
Als Trinkgefäße eignen sich auf die Größe der Tiere abgestimmte Behälter. Für nicht badende Arten sollten sie so flach sein, dass die Tiere darin stehen können, oder so klein, dass sie nicht hineinpassen. Im Fachhandel für Terraristik findet man Trinkschalen in allen Größen und Ausführungen.

### Tipp

Eine sehr gute Möglichkeit, Trinkwasser für Terrarientiere bereitzustellen, bieten Zimmerspringbrunnen. Diese sorgen für ein besseres Klima im Terrarium. Auch für Tiere, darunter zahlreiche Chamäleons, die nur bewegtes Wasser trinken, bieten sie dieses. Kleinspringbrunnen kann man in einer Vielzahl an dekorativen Ausführungen kaufen oder auch aus einzelnen Teilen selbst zusammenzustellen.

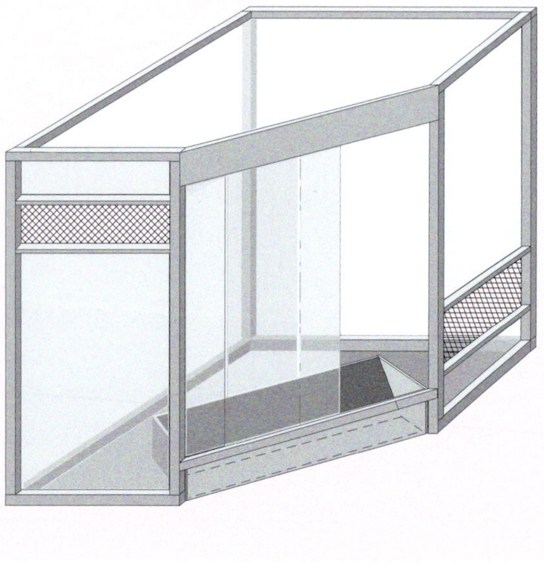

## Wasserteile klein und groß

Ein kleines Wasserteil, wie es viele Amphibien benötigen, kann man leicht einbauen, indem man einfach eine Ecke oder auch eine Zone entlang der Frontseite mit einem eingeklebten Glasstreifen vom Landteil abgrenzt. Den zum Land hin möglichst leicht ansteigenden, mit Silikon eingeklebten Glasstreifen kann man mit dünnem Kork bekleben oder mit eingefärbter Dichtschlämme bestreichen.
Größere Wasserbecken bekommt man in Bau- oder Gartenmärkten als Teiche oder Vogeltränken in unterschiedlichsten Typen und allen Größen. Während die Teiche meistens aus Plastik gefertigt wurden, sind Vogeltränken häufig aus Ton.
Schüsseln und Wannen sind ungeeignet als Wasserbecken, da sie einen zu hohen und steilen Rand besitzen. Plastikteiche kann man noch etwas bearbeiten. Der Rand oder auch das gesamte Becken werden mit einem klaren Lack (Bootslack) gestrichen. Danach bewirft man ihn noch im feuchten Zustand mit Sand oder anderen Materialien. Wenn der Sand angetrocknet ist, wird noch einmal überlackiert. Mit einigen Steinen und Ästen dekoriert, kann man das sterilste Wasserbecken in ein schön eingerichtetes Terrarium integrieren.

## Wasserbecken selber machen

Natürlich kann man Wasserbecken auch selbst herstellen. Ton ist ein ausgezeichnetes Material für alle Wasserschalen. Auch wenn man nicht selber töpfern möchte, kann man auf Basaren oder auf Märkten doch Verkaufsstände von Tonarbeiten finden.

*Eckterrarium mit Wasserteil, in der Zeichnung vorn, direkt hinter den Frontscheiben. Damit die Tiere wieder an Land gelangen können, muss die Scheibe die ins Wasser führt, schräg eingeklebt werden.*

## Einen Wasserfall konstruieren

Wasserfall aus vormodellierten Kork-, Styrodur- oder Styroporelementen: Zunächst wird eine entsprechende Landschaft gestaltet. Dabei klebt man die Platten und Blöcke mit Silikon zusammen, um sie dann mit Lötkolben, Messer und Ähnlichem zu bearbeiten und mit Epoxydharz zu versiegeln. Das Bachbett wird für ein natürliches Aussehen mit Kieselsteinen und Javamoos ausgelegt. Für die Wasserbewegung sorgt eine Pumpe, die das Wasser zurückpumpt und die entweder innerhalb oder außerhalb des Terrariums installiert wird.
Da bei einer Innenpumpe im Störungsfall oft Teile der Terrarieneinrichtung auseinandergebaut werden müssen, was auch die Tiere stört, empfiehlt sich eher die Außenpumpe mit integriertem Filter, wie in der Aquaristik verwendet. Mit ihr pumpt man das Wasser aus dem Wasserteil auf dem Beckenboden ab, um es dann, frisch gefiltert, am Beginn des Bachlaufes wieder ins Terrarium zu leiten. Die Leistungskraft der Pumpe muss genau berechnet sein, damit die erforderliche Wassermenge erreicht, aber Spritzen oder Überlaufen des Baches im Terrarium vermieden wird. Vor allem sollte das Abflussloch im Wasserteil ausreichend gegen ein Verstopfen durch Festpartikel geschützt sein, etwa durch eine dickere, aufgeklebte Schicht Filterwatte, die man mit einer 2 cm hohen Kiesschicht abdeckt.

Hier ist sicher jemand bereit, nach den entsprechenden Angaben ein Gefäß anzufertigen. Bei größeren Becken sollte man grundsätzlich einen Abfluss einplanen. Nichts ist aufwendiger, als verschmutztes Wasser aus einem Becken abzusaugen.
Wenn die in das Terrarium eingesetzte Behälter nicht ausreichen oder wir die Tiere auch im Wasser beobachten möchten, kommt nur ein Aufteilen des Terrarienbodens in Frage. Der untere Terrarienbereich muss aus Glas bestehen oder gemauert sein. In einem Glasbecken kann man ihn durch das Einkleben einer schräg gestellten Scheibe unterteilen.

Wenn man das Terrarium in einen vorderen Wasserteil und einen hinteren Landteil aufteilt, kann man seine Tiere im Wasser durch die Vorderscheibe beobachten. Damit sie auch an Land gehen können, muss die Trennscheibe beklebt werden.
Auch hier hat man wieder die Möglichkeit, durch klaren Bootslack und angeworfenen Sand eine raue Oberfläche herzustellen. Aber auch mit einem Silikonkleber kann man verschiedene Materialien ankleben, wie flache Steine oder Korkrinde. Eine Alternative ist eine vorgefertigte Platte aus Styrodur, wie wir sie bereits als Wand vorgestellt haben, die auf die Schräge geklebt wird.

# Natursteinbecken und Bachlauf

*Gazeterrarium mit einer Duschwanne als Bodenteil bei der Firma Tropenparadies in Oberhausen.*

Gemauerte Wasserteile wirken erst in einem großen Terrarium richtig gut. Dem Mörtel oder Beton muss auf jeden Fall ein abdichtendes Mittel (Ceresit) zugesetzt werden. Die Höhe des Wasserspiegels und damit der Wasserdruck sind ausschlaggebend für die Belastung der Wände. Aus Beton gegossene Wände sollte man immer mit einer Monierung (Draht- oder Eisengeflecht) versehen, damit sie nicht auseinander brechen. Verkleidung der Wände mit Natursteinen gibt dem gemauerten Becken ein natürliches Aussehen und der Übergang zu einem Wasserlauf oder Wasserfall lässt sich gut verwirklichen.

## Wasserlauf bauen

Dazu wird dünnflüssiger Beton mit einem abdichtenden Zusatz und nach Geschmack auch mit Zementfarbe über einen vorgefertigten Untergrund verteilt und geformt. Als Untergrund für einen Bachlauf hat sich Styrodur ausgezeichnet bewährt. In den flüssigen Beton oder auf ihn nach dem Aushärten, kann man Natursteine setzen.
Wer für seine Pfleglinge einen möglichst naturnahen Bachlauf benötigt, sollte dies durch den Umbau eines Aquariums realisieren. Der Bachlauf wird aus auf den Behälterboden geklebten Glasscheiben, die zum Ufer hin schräg ansteigen, gebaut. Mit ein wenig Geschick kann man auf diese Weise nicht nur geradlinige, sondern auch gewundene Bachbetten gestalten. Die Glasstreifen sollte jedoch der Optik zuliebe und weil sie von den Tieren viel leichter erklettert werden können, mit dünnem Kork beklebt oder eingefärbter Dichtschlämme bestrichen werden. Schwieriger gestaltet sich bei dieser Bauart die Integration des Wasserzuflusses und -abflusses. Entweder verlegt man die erforderlichen Schläuche sorgfältig versteckt hinter der Terrarienwandverkleidung oder es müssen Löcher in das Aquarium gebohrt werden. In dieser Bauweise lassen sich auch breitere und tiefere Bachläufe mit einer entsprechend niedrigen Fließgeschwindigkeit herrichten.

## Der passende Wasserbehälter

Wasserfälle und Wasserläufe lassen sich eigentlich nur in größeren Terrarien richtig ins Bild setzen. In kleineren Terrarien wird man eher Schalen oder integrierte Wasserbecken verwenden. Bei allen Wasserteilen ist aber unbedingt darauf zu achten, dass die Tiere von allen Seiten gut aus dem Becken wieder herausklettern können. Und dies nicht nur beim Höchstwasserstand, sondern auch bei fallenden Wasserständen. Nach innen stehende Ränder sind

*Bepflanzter Wasserfall in einem Großraumterrarium.*

vollkommen ungeeignet. Bei kleineren Tieren sollten nicht zu tiefe Schalen gewählt werden, außer es wäre für eine artgerechte Pflege erforderlich.

## Bequem: Fertigwasserfall zum Einbau

Im Foto oben handelt es sich um einen künstlichen Wasserfall der Fa. Namiba Terra, der aus mehreren Teilen besteht, die sich nahtlos ineinander fügen. Im hinteren Teil befindet sich eine Pumpe, die das Wasser auf eine Höhe von mehr als einem Meter pumpen kann. An einigen Stellen wurden Pflanzschalen integriert, die mit Hydrokultur gefüllt und anschließend bepflanzt wurden. Etwas Wasser wird automatisch über diese Pflanzschalen geleitet und läuft über eine Vertiefung wieder ins Becken zurück.

### Hinweise zur Verarbeitung von Epoxydharz

Epoxydharz ist aufgrund seiner Eigenschaften, im ausgehärteten Zustand ungiftig, abriebfest und chemisch beständig, zum vielfältigen Einsatz im Terrarium geeignet. Bei der Verarbeitung sind aus Sicherheitsgründen jedoch einige Dinge zu beachten. So sollte der gesamte Arbeitsbereich mit Folie abgedeckt und die Hände durch Einmalhandschuhe geschützt werden. Die Räumlichkeiten müssen während der gesamten Verarbeitung gut belüftet werden.

Vor der Verarbeitung werden das eigentliche Epoxydharz und der Härter sorgfältig vermischt. Die erforderlichen Mengen sollten mit einer Digitalwaage abgewogen werden. Da beim Mischen Wärme entsteht, dürfen nur kleine Mengen auf einmal verrührt werden, maximal etwa 800 g. Unbedingt die Warnhinweise des Herstellers beachten! Nach dem Abwiegen der Komponenten erfolgt das Mischen.

Hierzu eignet sich Akkuschrauber mit aufgesetztem Rührer (Vorsicht: Spritzgefahr, besser eine Schutzbrille tragen). Das Auftragen auf den Untergrund erfolgt mit einer kleinen Rolle oder einem Pinsel. Bei glatten und saugfähigen Flächen wie rohes Holz, Span- oder Korkplatten erübrig sich eine Vorbehandlung des Untergrunds, bei nicht saugenden Substraten wie Styropor, Styrodur usw. sollten diese leicht angeraut werden, um einen festen Verbund zu garantieren.

Epoxydharze können auch eingefärbt werden. Dazu eignen sich verschiedene Erdpigmente, die ins flüssige Harz eingerührt werden. Es ist auch möglich, direkt nach dem Anstrich, gemahlenen Torf oder Sand auf die Oberfläche zu streuen. Dabei können sich durch die Struktur der Substrate scharfkantige Unebenheiten bilden, die vor dem Besatz mit Tieren abgeschliffen werden müssen. Je nach Zusammensetzung des Materials und Verarbeitungstemperatur erfolgt das Aushärten innerhalb von wenigen Minuten bis einigen Stunden.

# Einrichtungsgegenstände

*Oben links: Wasserschale der Firma Namiba Terra. die mit Aufsatz als Futterschale nutzbar ist.*
*Unten links: Höhle der Firma Exo Terra die von außen mittels eines Magneten an der Scheibe geschlossen werden kann.*

*Oben rechts: Wasservorratsbehälter (Namiba Terra) als Felsimitation.*
*Unten rechts: Der geschlossene Eiablagebehälter (Exo Terra) als Steinimitation.*

So unterschiedlich die Tiere sind, so verschieden ist auch ihr Verhalten. Selbst innerhalb einer Gattung können recht gegensätzliche Bedürfnisse vorliegen. Um ihnen auch nur annähernd gerecht zu werden, muss man sich bereits vor der Anschaffung eingehend mit den zu pflegenden Arten beschäftigen. Dabei ist neben der Betrachtung des Lebensraums auch die des Fortpflanzungsverhaltens wichtig. Um den Ansprüchen der Tiere an sichere Rückzugsmöglichkeiten gerecht zu werden, benötigt man zahlreiche zusätzliche Einrichtungsgegenstände.

## Eiablageplätze

Einige Reptilienarten aus den Trockengebieten der Erde, zum Beispiel Chuckwallas oder Leopardgeckos, legen weichschalige Eier, die ein feuchtes Substrat für die Entwicklung benötigen. Hier kann man bepflanzte Schalen entsprechend der Größe der gepflegten Tiere, die stets feucht gehalten werden müssen, ins Terrarium einbringen. Allerdings sollte man die Pflanzen in den Töpfen belassen und diese zusätzlich am Boden der Schale befestigen. Rundherum füllt man die Schale mit einem Erd-Sand-Gemisch auf. Der Platz zwischen den Töpfen muss aber immer größer sein als die Töpfe selbst, damit die Tiere genügend Fläche zum Graben zur Verfügung haben.
Da Tiere sehr vieler Arten ihre Eier nur in dunklen Verstecken vergraben, muss man auch diese Möglichkeit anbieten. Im Zoofachhandel sind geeignete künstliche Höhlen in verschiedenen Größen erhält-

*Vogelnistkasten als Eiablagebehälter.*

lich. Mit feuchtem Sand oder mit Erde bis zur Hälfte gefüllt, werden sie gern als Versteck oder Eiablageplatz genutzt. Da die Höhlen das Aussehen eines Steines haben, passen sie auch optisch gut ins Terrarium. Außerdem kann man sie sehr gut als Pflanzenschale in die Rück- oder Seitenwand einbauen.
Durch zwei baugleiche Gefäße, die man übereinander stellt, erhält man ebenfalls eine dunkle Höhle. Hierzu eignen sich sowohl Tonschalen als auch größere Pflanzenschalen. In das obere Gefäß wird eine Öffnung geschnitten, die der Größe der Tiere entspricht. In das untere Gefäß füllt man das Substrat zur Aufnahme der Eier, wie Sand, Sand-Torf-Gemisch, Blumenerde oder feuchtes Moos. Die beste Verbindung der beiden Behälter ist ein hoch stehender Außenrand, der am unteren Gefäß angeschraubt oder angeklebt wird, und in den das obere eingelegt wird. So kann es nicht zur Seite verrutschen und ist nach oben leicht herausnehmbar.
Eine andere Möglichkeit ist das Anbringen von Scharnieren, die ein Hochklappen des oberen Kastens ermöglichen. Da der untere Teil meistens im Bodengrund eingelassen wird, spielt hier das Aussehen keine Rolle. Den oberen Teil kann man dem Aufbau des Terrariums entsprechend gestalten. Für ein Wüstenbecken lässt sich das Gefäß lackieren und im feuchten Zustand mit Sand bewerfen. Auch das Ankleben von Schieferplatten oder flachen Natursteinplatten ermöglicht ein natürliches Aussehen.
Viele Vertreter der am Boden lebenden Arten aus Trockengebieten ziehen sich zumindest zeitweise in feuchte Schlupfwinkel zurück. In der Natur legen sie häufig tiefe Gänge an, die bis in feuchtere Schichten reichen. Große ungebrannte Tonschalen, die mit der Öffnung nach unten auf den Boden gelegt und von oben täglich befeuchtet werden, sind als Ersatz sehr gut geeignet. Das Klima unter ihnen scheint den meisten dieser Tiere zu behagen.

*Beispiel eines Felsmoduls als Pflanzschale zum Befestigen an den Wänden des Terrariums.*

## Für Baumbewohner

Baumbewohnende Reptilien legen ihre Eier sehr gern in altem, vermodertem Holz ab. Hier haben sich Vogelnistkästen als Ersatz bewährt, die an der Wand oder an einem dickeren Kletterast befestigt werden. Der Kasten wird mit einem Substrat (Blumenerde oder feuchtes Moos) bis fast zum Einflugloch gefüllt. Sein Dach muss aber zur Kontrolle oder zur Entnahme der Eier geöffnet werden können. Wenn man den Deckel nur auf einer Seite mit einem Nagel befestigt, kann man ihn zur Seite drehen.

# Weitere Einrichtungsgegenstände

*Oben links: Versteck- und Eiablagebehälter der Firma Lucky Reptiles als Baumstammimitation.*
*Oben rechts: Pflanzschalen (Lucky Reptiles) in Form eines Baumstumpfes.*

*Links oben: Ein Netz bietet den ungestümen Tieren Sichtschutz, damit sie nicht gegen die Scheibe laufen.*
*Links unten: Eiablagebehälter der Firma Namiba Terra in Form eines Felsens mit untergebauter Wasserschale zur Feuchtigkeitsregulierung innerhalb des Eiablagebehälters.*

Eine künstliche Eiablagehöhle muss man zahlreichen Großechsen anbieten, wie zum Beispiel dem Grünen Leguan. Die Tiere benötigen einen langen Gang bis zur eigentlichen Nestkammer (Ablagebehälter). Gang und Ablagebehälter müssen der Größe der Tiere entsprechen. Hierbei ist es wichtig, dass die Leguane Kontakt zur Decke haben. Der Gang darf nicht höher als das Tier sein, da sich das Weibchen sonst nicht geborgen fühlt. Der Eiablagekasten muss so groß sein, dass sich die Tiere darin drehen können. Der Schlupfkasten wird mit Blumenerde oder einem Torf-Sand-Gemisch bis zur Hälfte gefüllt, wobei der Gang mit Sägespänen aufgefüllt werden kann.

Geöffnete Bambusröhren werden von vielen Phelsumen gern zur Eiablage benutzt. In das obere Drittel der Röhre schneidet man mit einer Lochsäge, die als Bohrmaschinenvorsatz erhältlich ist, eine Öffnung, entsprechend der Größe der Tiere. Auf der Rückseite wird ein rechteckiges Fenster ausgesägt. Das abgetrennte Stück bleibt an seinem Ort und wird mit Klebestreifen oder Scharnier befestigt. So kann man den Innenraum der Röhre jederzeit kontrollieren. Wenn man das Eingangsloch ebenfalls verschließbar macht und das Fenster nur mit einer durchsichtigen Plastikfolie zuklebt oder aus Plexiglas anfertigt, hat man die Möglichkeit, die Entwicklung der angeklebten Eier von außen zu überwachen. So können die Jungen im Terrarium in einem sicheren Versteck schlüpfen und danach in einen Aufzuchtbehälter überführt werden. Da Phelsumen ihre Eier sehr gern an der gleichen Stelle ablegen, kann man auf diese Weise mehrere Gelege schützen und die Eier weiterhin im Terrarium belassen.

*Mini-Wasserfall der Firma Exo Terra, der sich auch für kleinere Terrarien eignet.*

## Auch zum Fangen

Die Höhlen lassen sich auch zum Fangen der Tiere benutzen, denn viele baumbewohnende Tiere flüchten in solche Verstecke. Kann man das Eingangsloch verschließen, sind die Tiere beim Hantieren im Terrarium gut untergebracht.

Für den Fang oder als Versteck von Schlangen haben sich Schlupfkästen bewährt. Gerade bei der Haltung von Giftschlangen benötigt man einen Kasten, in den sich die Schlangen zurückziehen können. Das Eingangsloch muss aber verschließbar und gegen unbeabsichtigtes Öffnen durch Pfleger und Schlange gesichert sein.

Gerade beim Hantieren im Terrarium ist es wichtig, dass die Tiere sicher untergebracht sind. Der Schlupfkasten sollte auch von außen zugänglich sein.

## Unter Wasser

Als Eiablageplatz benötigt man für einige Froscharten, die sich in wassergefüllten Baumhöhlen fortpflanzen (zum Beispiel *Mantella laevigata*), geeignete Legeröhren. Hier kann man wieder auf Bambus zurückgreifen, wie oben beschrieben. In diesem Fall wird die Röhre zu zwei Dritteln mit Wasser gefüllt. Eine andere Möglichkeit besteht darin, zwei schwarze Filmdosen mit den Öffnungen zusammenzukleben und in die obere Dose ein Loch zu schneiden. Auch hier wird die untere Dose mit Wasser aufgefüllt. Einzelne Filmdöschen eignen sich hervorragend als Eiablageplatz für Dendrobaten. Aufrecht befestigt und mit Wasser gefüllt, werden sie von einigen Pfeilgiftfröschen auch für die Aufzucht der Kaulquappen genutzt.

Für größere Tiere benutzt man Abflussrohre mit Deckel. Man kann auch verschieden starke Rohre miteinander verbinden und so unterschiedliche Schlupflöcher anfertigen. Wenn man sie mit Rinde verkleidet, erhält man einen künstlichen Baum, der auch hervorragend als Epiphytenstamm geeignet ist. Der untere Stammbereich, das untere Rohr, lässt sich mit einer Heizung, beispielsweise einem Aquarienheizstab oder -kabel ausstatten. In die oberen Äste, die oberen Rohre, werden kleine Löcher gebohrt, durch die Wärme und Luftfeuchtigkeit nach außen treten können. Die Heizung muss immer mit Wasser bedeckt sein. Zum Auffüllen wird ein Schlauch in den oberen Stammbereich geschoben, der aus dem Terrarium herausführt. So kann man den Stamm bequem mit Wasser füllen, ohne dafür im Terrarium hantieren zu müssen. Die Methode eignet sich auch zum Auffüllen aller größeren Wasserbehälter oder zum gezielten Gießen von Pflanzen. Wenn der Schlauch über ein Magnetventil mit der Wasserleitung oder einer Pumpe verbunden ist, geschieht das Gießen automatisch (siehe auch Sprüh- und Nebelanlagen).

### Große Auswahl

Neben den klassischen bietet der Terraristikfachhandel zahlreiche nützliche und arbeitserleichternde Einrichtungsgegenstände: Fertighöhlen aus unverrottbarem Kunststoff als Versteck- oder Eiablageplätze, Tränken in allen erdenklichen Größen und Formen, Kletteräste, Kunstfelsen und eine große Zahl an neuen, natürlichen Produkten wie abgetrocknete Lianen, Rebstöcke und vieles mehr.

# Terrarienbepflanzung

Neben den Klimabedingungen muss auch die Bepflanzung den Bedürfnissen der Tiere gerecht werden. So brauchen einige Pfeilgiftfrösche die mit Wasser gefüllten Trichter und Blattachseln von Bromelien zur Aufzucht ihrer Larven. In größeren Terrarien kann man durch Einrichtung und Bepflanzung auch eine räumliche Aufteilung vornehmen, sodass die Tiere in der Lage sind, mehrere Reviere nebeneinander auszubilden.
Um ein Regenwaldterrarium üppig bepflanzen zu können, muss der Behälter eine große Bodenwanne besitzen, die das Anlegen eines geeigneten Bodengrundes ermöglicht.
Die Auswahl der Pflanzen selbst spielt für die wenigsten Tiere eine Rolle, sie erfolgt daher überwiegend nach ästhetischen Gesichtspunkten. Natürlich darf man bei der Planung nie vergessen, um welchen Terrarientyp es sich handelt. So gehören Bromelien nicht in ein Wüstenterrarium und Sukkulenten nicht in ein Regenwaldbecken. Ob es sich allerdings um asiatische Pflanzen in einem Terrarium mit afrikanischen Tieren oder umgekehrt handelt, ist vollkommen unerheblich.
So vielfältig wie die Tiere sind die Pflanzen und so spielt auch bei der Auswahl die Erfahrung eine große Rolle. Die hier empfohlenen Pflanzenarten sollen nur eine Anregung sein. Natürlich gibt es viele weitere, die in die vorgestellten Terrarien passen. Hier wurden vornehmlich solche ausgewählt, die in Gärtnereien zu bekommen sind.

## Manche Pflanzen brauchen Schutz

Die Pflanzenfresser unter den Reptilien interessieren sich allerdings sehr für die Vegetation, weil sie jede noch so liebevoll angelegte Bepflanzung als willkommene Bereicherung ihres Speiseplans betrachten. So ist man bei der Pflege einiger Arten gezwungen, völlig auf Pflanzen zu verzichten. Lediglich an für die Tiere unerreichbaren Stellen kann man einige robuste Gewächse anbringen. Eine Abtrennung durch eine Scheibe ist ebenfalls möglich.

## Trockenterrarium

Beim Wüsten- oder Trockenterrarium bietet es sich an, die Pflanzen in einer Schale zusammenzufassen, um ein leichteres Gießen zu ermöglichen. So wird nur ein kleiner Teil des Terrariums befeuchtet. Da sehr viele Wüstentiere den Tag oder die Nacht in leicht feuchten Verstecken verbringen, hat man hier die Möglichkeit, einen derartigen Unterschlupf herzurichten. Während ihrer aktiven

**Tabelle 1: Pflanzen für das Trockenterrarium**

| Familie | Gattung |
|---|---|
| Agavaceae (Agavengewächse) | *Agave, Yucca* |
| Aizoaceae (Mittagsblumengewächse) | *Lithops, Faucaria, Fenestraria, Pleiospilos, Titanopsis („Lebende Steine“)* |
| Apocynaceae (Hundsgiftgewächse) | *Pachypodium* |
| Cactaceae (Kaktusgewächse) | *Opuntia, Mammillaria, Astrophytum, Echinocactus, Melocactus* |
| Crassulaceae (Dickblattgewächse) | *Crassula, Kalanchoe, Sedum, Sempervivum, Cotyledon, Aeonium, Dudleya* |
| Bromeliaceae (Ananasgewächse) | *Cryptanthus* |
| Euphorbiaceae (Wolfsmilchgewächse) | *Euphorbia* |
| Liliaceae (Liliengewächse) | *Aloe, Sansevieria* |

*Mit Pflanzen gestaltetes Trockenterrarium.*

## 3 Funktionaler Grundaufbau

Einzelne Styroporplatten wurden zum Teil unter speziell an den Wänden angebrachte Kästen als Sonnenplätze angelegt. In diesen Kästen, die ebenfalls aus Styropor bestehen, befinden sich die Fassungen für die späteren Lampen. Ein Drahtschutz wurde von innen so angebracht dass man ihn jederzeit herausnehmen kann und er gleichzeitig als Berührungsschutz zu den Lampen dient.

## 4 Landschaftsgestaltung Stufe 1

Wenn der Grundaufbau fertiggestellt ist, beginnt man mit der Grundierung. Hierfür wurde ein Material auf Kunststoffbasis (Quarzbrücke) verwendet und mit einer Betonfarbe eingefärbt. Nach dem Aushärten hat man einen festen und stabilen Untergrund. Das Material ist etwas zähflüssig, lässt sich aber sehr gut verarbeiten und kann mit einem Pinsel aufgetragen werden.

## 7 Landschaftsgestaltung Feinschliff

Nach zwei Tagen war der gesamte Aufbau hart wie Beton. Um dem Ganzen auch noch ein etwas natürlicheres Aussehen zu verleihen, wurde der Aufbau mit verschieden Sprühfarben lackiert. Hierbei verwendet man nur Farben auf Wasserbasis. Die Farben richten sich immer nach der Tierart die gepflegt werden soll. Hier wurde ein rotbrauner Ton verwendet, wie er ähnlich in verschiedenen Wüsten zu finden ist.

## 8 Einrichtung

Die Hauptbeleuchtung besteht aus T5-Lampe, die an der Decke angebracht wurden. Hier besteht auch die Möglichkeit, noch weitere Strahler anzubringen. Der rote Sand auf dem Boden wurde passend dazu gewählt. Es handelt sich hierbei um Sand aus der Namibwüste. Einige künstliche Felsen und Äste vervollständigen die Einrichtung. Danach wurden die Scheiben eingesetzt und das Terrarium mit Tieren besetzt.

# Leopardgeckos im Terrarium

Leopardgeckos (*Eublepharis macularius*) gehören seit den Anfängen der modernen Terraristik zu den bekanntesten und beliebtesten Terrarientieren. Kaum ein Betrachter kann sich der Faszination entziehen, die von diesem attraktiven Gecko mit dem großen Kopf und den riesigen Augen ausgeht. Zu ihrer Verbreitung in unseren Terrarien hat aber vor allem beigetragen, dass seine Ansprüche an die Pflege verhältnismäßig einfach zu erfüllen sind und auch die Zucht leicht gelingt. Doch darf dies nicht darüber hinwegtäuschen, dass trotz ihrer sprichwörtlichen Robustheit und Anpassungsfähigkeit auch Leopardgeckos einen gewissen Pflegeaufwand beanspruchen. Bei artgerechter Terrarienhaltung ist ihre Langlebigkeit sprichwörtlich: sie kann mehr als 20 Jahre betragen.

## Der Weg ins Terrarium

Ihr Verbreitungsgebiet erstreckt sich über trockene bis halbtrockene Lebensräume von Pakistan bis nach Indien. Dabei handelt es sich ausschließlich um lehmige oder steinige Böden, sandige Flächen werden gemieden. Die Geckos können eine Größe von etwa 25 cm erreichen. Neben den in der freien Natur vorkommenden Färbungs- und Zeichnungsvarianten gibt es inzwischen eine ganze Reihe anderer Farbschläge, die aus planmäßiger Kreuzung hervorgegangen sind und sich großer Beliebtheit erfreuen. Solche Tiere werden im Handel unter zum Teil abenteuerlich klingenden, eng-

*Typisch gefärbter Leopardgecko, wie er auch in der Natur vorkommt.*

lischen Bezeichnungen angeboten, die in leicht abgewandelter Form auch bei entsprechend gefärbten Schlangen wie Königspythons und Kornnattern verwendet werden.

## Nicht sehr scheu

Leopardgeckos sind recht ruhige Echsen, die hauptsächlich während der Dämmerung und bei Nacht auf Jagd gehen. Im Terrarium legen sie in der Regel bereits nach wenigen Tagen ihre Scheu ab, werden sogar regelrecht zutraulich und sitzen spätestens einige Wochen später vorn an der Terrarienscheibe, wo sie auf einen Leckerbissen in Form eines Insekts warten, sobald eine Person das Terrarienzimmer betritt.
Gibt man die Futtertiere direkt ins Terrarium, so kann man allabendlich ihre Jagdtaktik genau beobachten. Kaum ist die Terrarienbeleuchtung erloschen, verlassen die Geckos ihre Schlafplätze und durchstreifen scheinbar ziellos den Behälter, immer auf der Suche nach etwas Fressbarem. Haben sie ein Insekt gesichtet, wird dieses zielgerichtet verfolgt und mit einem kurzen Sprint erfasst. Ihren Wasserbedarf decken die Geckos, indem sie aus einem Napf trinken oder am Morgen das Sprühwasser auflecken. Besondere Erwähnung verdient eine ungewöhnliche Verhaltensweise. Leopardgeckos setzen ihre Exkremente stets an der gleichen Stelle des Terrariums ab, was die Reinhaltung des Terrariums stark vereinfacht.

*Schlüpfendes Jungtier.*

## Jäger mit Revier

Leopardgeckos sind ausgeprägte Räuber. In der freien Natur besteht ihre Nahrung hauptsächlich aus Insekten (darunter viele Käferarten), Echsen und Jungtieren von Kleinsäugern. Eigentlich frisst der Leopardgecko jede Beute, die er nur bewältigen kann. Dies ist auch der Grund dafür, dass kleinere Reptilien niemals zusammen mit diesen Echsen gehalten werden dürfen. Im Terrarium werden die Tiere mit möglichst unterschiedlichen Futtertieren ernährt. Um eine allzu einseitige Ernährung und Mangelerscheinungen zu vermeiden, werden alle Insekten vor dem Verfüttern mit einem Vitamin-Mineralstoff-Gemisch einstäubt.
Wie viele andere Geckos sind auch diese Tiere ausgesprochen territorial, das heißt, sie bilden Reviere, die gegen Eindringlinge erbittert verteidigt werden. Aus diesem Grund ist die gemeinsame Haltung mehrerer Männchen in einem Terrarium nicht möglich. Ideal ist daher die Einzelhaltung oder die Pflege in Kleingruppen, bestehend aus einem Männchen und mehreren Weibchen.

*Zum ersten Mal auf eigenen Beinen: Jungtier nach dem Schlupf.*

*Eine der vielen Farbformen, die mittlerweile bei Leopardgeckos gezüchtet werden.*

## Winterruhe, Fortpflanzung und Nachzucht

Wer seine Leopardgeckos vermehren möchte, muss ihnen eine Winterruhe bieten. Hierzu reicht es völlig aus, wenn für zwei Monate die Beleuchtung und Heizung ausgeschaltet werden. Bereits einige Tage nach Beendigung der Winterruhe streift das Männchen auf der Suche nach Weibchen durch das Terrarium. Die Geckos paaren sich das ganze Jahr über, einmal abgesehen von der Winterruhe.

Nach der erfolgreichen Kopulation zeigen die Weibchen einen deutlich gesteigerten Appetit und legen eine leicht erhöhte Aggressivität an den Tag. Die Dauer der Trächtigkeit beträgt etwa drei bis vier Wochen. In dieser Zeit sollten die Weibchen soviel Nahrung erhalten wie sie wollen, wobei auf eine möglichst hochwertige Ernährung geachtet werden muss. Neben dem eigentlichen Futter nehmen sie gelegentlich auch Kalk in Form von zerstoßenen Sepia-, Eierschalen oder Muschelgrit zu sich. Rückt der Zeitpunkt der Eiablage näher, so zeichnen sich die heranreifenden Eier deutlich im Leib des Weibchens ab. Kurze Zeit vorher reduzieren die Weibchen die Nahrungsaufnahme oder stellen sie vollständig ein und suchen beim scheinbar orientierungslosen Umherwandern einen geeigneten Eiablageplatz.

## Gelege

Ihre aus einem oder zwei Eiern bestehenden Gelege vergraben Leopardgeckos nur in ausreichend feuchtem Erdreich. Als Ablagebehälter eignen sich geschlossene Plastikdosen. Diese sollten nach Möglichkeit undurchsichtig und von dunkler Farbe sein. Sie werden bis zur Oberkante in den Boden eingelassen. In den Deckel schneidet man ein circa 3 cm weites Loch. Als Mindestmaße empfehlen sich 20 cm Länge, 10 cm Breite und 10 cm Höhe.

Bis zu zwei Drittel des Behälters werden mit einem stets leicht feuchten Sand-Erde-Gemisch gefüllt. Eiablagebehälter sollten warm aber nie direkt über einer Heizung stehen, da sonst das Substrat zu schnell austrocknet. Die Anzahl der Gelege pro Jahr

*Auch eine Vergesellschaftung eines Männchens mit mehreren Weibchen ist möglich.*

schwankt zwischen 3 und 8, abhängig unter anderem vom Alter und Ernährungszustand des Weibchens.

## Zeitigung und Schlupf

Die Eier sollten möglichst sofort aus dem Terrarium entnommen und ohne sie zu drehen in eine klarsichtige, dicht schließende Plastikdose überführt werden, die jederzeit eine Kontrolle ohne Öffnen des Behälters ermöglicht. Dort werden sie in mäßig feuchtes Perlite oder Vermiculite gebettet. Diesen Zeitigungsbehälter stellt man nun in einen Inkubator. In der Regel bereitet die Zeitigung keine Probleme. Auch schwankende Werte – beispielsweise tagsüber bis zu 31 °C bei einer Nachtabsenkung bis auf 25 °C – werden in der Regel gut vertragen.
Kaum aus dem Ei, bewegen sich die Jungtiere äußerst flink und schreckhaft, sodass sich ihre Entnahme aus dem Zeitigungsbehälter recht problematisch gestalten kann. Zu diesem Zeitpunkt messen die jungen Leopardgeckos etwa 75 bis 89 mm. Die frisch geschlüpften Leopardgeckos werden in kleinen Terrarien aufgezogen, deren Einrichtung den Behältern für erwachsene Tiere nachempfunden wurde. Die Wachstumsrate ist enorm: bereits nach 12 Monaten können die Männchen eine Länge von etwa 24 cm und ein Gewicht von rund 30 g erreicht haben.

## Einrichtung des Leopardgecko-Terrariums

Das Terrarium sollte große Lüftungsflächen aufweisen, um einen Luftaustausch zu gewährleisten. Als Bodengrund eignet sich der sogenannte Schlämmsand, der aufgrund seines Lehmanteiles ideal zum Anlegen von Höhlen ist. Einige Aufbauten zum Klettern sollten auf jeden Fall vorhanden sein. Wenn man künstliche Höhlen schafft, sollte der Eingang gerade groß genug, dass ein Tier durchschlüpfen kann, die Wohnkammer schließlich etwa faustgroß sein. Je enger der Unterschlupf ausfällt, desto sicherer fühlen sich die Geckos.
Verstecke lassen sich aus den verschiedensten Gegenständen anfertigen. Bewährt haben sich umgestülpte, unglasierte Pflanzenschalen, aus denen man an einer Seite ein Stück herausbricht und so einen kleinen Eingang schafft. Es hat sich als äußerst günstig erwiesen, die Schalen alle zwei Tage mit Wasser zu übersprühen: dadurch bildet sich unter ihnen eine gewisse Verdunstungskälte und eine höhere Luftfeuchtigkeit. Beides wird von den Geckos sehr gerne angenommen.
Eine Hell- und Dunkelphase von jeweils 12 Stunden trägt zum Wohlbefinden der Tiere bei. Wichtiger als die Beleuchtung ist die Beheizung, da es sich bei Leopardgeckos um wechselwarme Tiere handelt.
Sie benötigen stets sowohl einen Temperaturbereich, der ihrer Aktivitätstemperatur entspricht als auch einen, wo sie ihre Vorzugstemperatur erreichen können. Letztere ist immer höher als die erstgenannte. So sollte die Luft in den Sommermonaten auf 25–28 °C erwärmt werden: Am besten ist es, wenn man für einen warmen Bereich mit etwa 28 °C und eine kühlere Schlafzone (ca. 22 °C) sorgt. Zum Erwärmen des Terrariums reicht in den meisten Fällen die Beleuchtung aus. Als zusätzliche Heizaggregate können Heizsteine oder -matten installiert werden.

# Technik für Terrarien

Technische Hilfsmittel sind aus der heutigen Terraristik nicht mehr wegzudenken. Sie reduzieren die täglichen Arbeiten auf das Füttern und die Reinigung. So bleibt mehr Zeit für das Schönste – die Beobachtung der Tiere und dazu die nötige Unabhängigkeit, ein paar Tage verreisen zu können, ohne dass jemand täglich nach den Tieren schauen muss.

# Elektrische Anlagen

Elektrische Geräte sind die Grundlage aller Terrarientechnik und der Steuerung der Umweltbedingungen im gläsernen Lebensraum. Häufig werden elektrische Betriebsmittel eingesetzt, ohne dass sich der Terrarianer Gedanken über ihre Sicherheit macht. Die Folgen können von einem Kurzschluss über einen Zimmerbrand bis hin zu einem tödlichen Stromschlag reichen. Über die gesetzliche Seite erfahren Sie mehr ab Seite 156.

## Zeitschaltuhren

Eine Zeitschaltuhr schaltet Licht, Heizung und die Sprüh- oder Nebelanlage zur gewünschten Zeit ein und aus. Mit ihrer Hilfe sorgt man für Regelmäßigkeit im Tagesablauf, was das Wohlbefinden der Tiere sehr fördert. Außerdem lassen sich Jahresabläufe und andere periodische Schwankungen mit Hilfe einer Zeitschaltuhr besser nachvollziehen. Durch Versuche lässt sich ermitteln, wann und für wie lange die Heizung eingeschaltet bleiben muss, damit die Temperatur nicht zu stark absinkt, aber auch nicht zu hoch steigt. Wollte man dies immer von Hand regeln, wäre der Betrieb eines Terrariums bereits eine tagesfüllende Beschäftigung.

Unterschiedliche Modelle an Zeitschaltuhren sind im Handel. Zu empfehlen sind dabei die digitalen, die wie die mechanischen nur noch in eine Steckdose gesteckt zu werden brauchen. Sie verfügen über eine sehr kurze Zeitschaltung (dieses kürzeste Zeitintervall beträgt eine Minute) und ein sehr lange laufendes Nachlaufwerk, außerdem gibt es sie bereits wahlweise mit Wochen- und Monatsprogrammen. Auch Computer lassen sich hervorragend zum Betreiben eines Terrariums oder einer Terrarienanlage einsetzen, weil man mit ihrer Hilfe nicht nur die täglichen Funktionen steuern kann, sondern gleichzeitig Jahresabläufe, wie beispielsweise die sich ändernde Photoperiode, sich jahreszeitlich ändernde Temperaturen, aber auch Regen- und Trockenzeiten

*Aufbau der Terrarienanlage bei einem der Autoren.*

*Rechte Seite: Eine offene Regenwaldanlage in einem Wintergarten.*

# Beleuchtung

In einem Terrarium eingebaute Deckenleuchten.

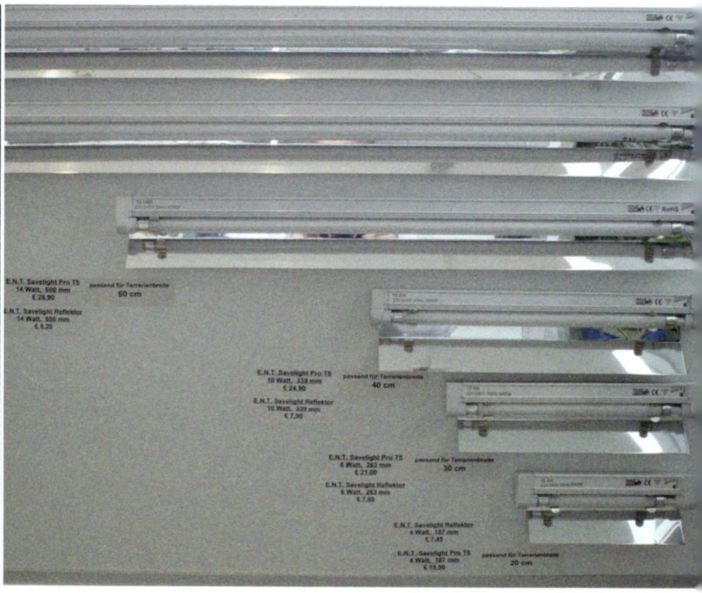


Verschiedene T5-Leuchtstofflampen mit Reflektoren.

einspeichern, ohne laufende Änderungen der Einstellungen imitieren kann. Terrarianern ohne entsprechende Möglichkeiten und Kenntnisse bleibt allerdings nur der herkömmliche Weg, und zwar die Schaltzeiten laufend nach einem vorher festgelegten Kalender zu ändern. Wenn es nur darum geht, einen Unterschied zwischen Hell und Dunkel (Tag-Nacht) zu erzeugen, reichen normale Leuchtstoffröhren oder auch Glühlampen völlig aus. Das ist hauptsächlich bei rein nachtaktiven Tieren der Fall. Umweltfreundlicher als Glühlampen sind die Energiesparlampen durch ihren wesentlich wenigeren Strombrauch. Sie sind zwar in der Anschaffung teurer, sollen sich aber laut Hersteller durch ihre lange Lebensdauer bezahlt machen. Auch als Beleuchtung kleiner Terrarien sind sie eine gute Alternative.

## Wie Sonnenlicht

Tagaktive Tiere benötigen ein Licht, das natürlichem Sonnenlicht sehr nahe kommt. Da immer mehr neue Röhrenarten mit sehr sonnenlichtähnlichen Farbspektren und guter Lichtausbeute auf dem Markt sind, sollte man sich vor jedem Kauf über die Möglichkeiten informieren.

Jüngstes und derzeit bestes Produkt sind Leuchtstofflampen mit nur noch 16 mm Durchmesser (T5-Leuchtstoffröhren), die durch ihre hohe Frequenz, 25–40 kHz, ein flackerfreies Licht produzieren. Den meisten Tieren erscheint dieses Licht wesentlich natürlicher als das Licht herkömmlicher T8-Röhren mit einer Frequenz von 50–60 kHz. Weitere Vorteile dieser neuen Lampen sind hohe Lichtausbeute und geringer Durchmesser, der es erlaubt, kompakte Leuchten mit hohem Reflektorwirkungsgrad zu konstruieren. Die Energieeinsparung gegenüber herkömmlichen Leuchtstoffröhren kann bis zu 50 % betragen. Die neuen Röhren sind ein wenig kürzer und passen jetzt besser über die Terrarien. Sie haben eine Lebensdauer von mehr als 10 000 Stunden, bei 12 Stunden täglicher Beleuchtungsdauer also mehr als zwei Jahre. Langzeiterfahrungen aus der Meeresaquaristik zeigen aber, dass auch diese Röhren etwa alle 18 Monate erneuert werden müssen.

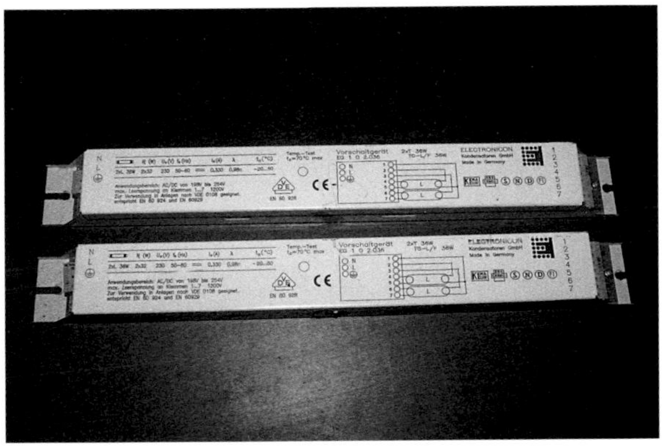

*Elektronische Vorschaltgeräte.*

T5-Röhren werden, bei gleicher Länge, in zwei Wattstärken angeboten: HE = High Efficiency, niedrige und HO = High Output, höhere Wattstärke. Wir empfehlen HE-Röhren für Terrarien bis zu einer Höhe von circa 50 cm und HO-Röhren für Terrarien ab einer Höhe von 50 cm sowie für alle Terrarien, für die eine hohe Sonneneinstrahlung imitiert werden muss, wie Wüstenterrarien. Als Röhrentypen können wir nur Lichtfarben mit einer Farbtemperatur von 6500 kelvin (= daylight) oder die neuen Spezialröhren für die Terraristik, wie Bio Vital, eine Röhre mit gutem UVA- und UVB-Anteil, empfehlen. Kommen die Röhren mit der feuchten Luft des Terrariums in Kontakt, sollte man unbedingt Feuchtraumfassungen und -gehäuse wählen.

## Mit Vorschaltgerät

Wer noch die alten T8-Röhren verwendet, sollte zumindest elektronische Vorschaltgeräte nutzen, die die Leuchtstoffröhren mit einer höheren Hertzzahl betreiben. Das hat verschiedene Vorteile. So wird der häufig enorme Energieverbrauch der Vorschaltgeräte selbst auf ein Minimum reduziert, was sich in erster Linie durch weniger Abwärme bemerkbar macht. Dies ist aber nur für Leute interessant, die Probleme mit zu viel Wärme haben und ihre Terrarien nicht mit Vorschaltgeräten beheizen. Ferner benötigen die Leuchtstoffröhren keinen Starter mehr, sie springen bei Zündung sofort an, das lästige Flackern entfällt und die Lebensdauer der Röhre wird erheblich verlängert. Weitere Einsparungen liegen im geringen Stromverbrauch, da auch die Röhren mit weniger Watt betrieben werden, sodass man nach einiger Zeit die hohen Anschaffungskosten wieder erwirtschaftet hat.

## Kombination mit Strahlern

Kombiniert werden sollten die Leuchtstoffröhren möglichst mit einigen Niedervolt-Kaltlichthalogenstrahlern, mit denen man lokale Lichtinseln im Terrarium bilden kann. Ein schöner optischer Effekt, der aber auch von den Tieren gerne angenommen wird. Außerdem besitzen diese Lampen einen gewissen UV-Lichtanteil – sofern es sich nicht um UV-Stop-Lampen handelt – weshalb sie sich besonders zur Aufzucht von Nachzuchten eignen. Die handelsüblichen fertigen Birnen mit Reflektoren und Schutzglasscheibe sind nicht geeignet.
Diese Niedervolt-Kaltlichthalogenstrahler gibt es in den unterschiedlichsten Wattstärken und Abstrahlungswinkeln. Geeignet sind vor allem Spots mit einem Abstrahlungswinkel von etwa 12°. Alle Niedervoltlampen können nur mit entsprechenden Vorschaltgeräten betrieben werden. Auch bei ihnen gibt es wieder enorme Unterschiede, zum einen die Strom fressenden, Hitze erzeugenden herkömmlichen Geräte und elektronisch arbeitende neuerer Bauart.

*Links: Energiesparlampen mit UV-Anteil der Firma Namiba Terra.*
*Rechts: Energiesparlampen in einem Aufzuchtterrarium eingebaut.*

## Das Licht des Lebensraumes nachempfinden

In den Lebensräumen unserer Pfleglinge sind die Lichtverhältnisse sehr unterschiedlich. Während in den Wüsten die Sonne fast das ganze Jahr über mit der gleichen Intensität scheint, gibt es auch in den Tropen trübe Tage und Wochen. Doch wir müssen den unmittelbaren Lebensraum der Tiere beachten. Im Regenwald herrscht in der Nähe des Bodens nur noch eine Beleuchtungsstärke von 200 bis 500 Lux, die auch in Terrarien leicht zu erzeugen ist. In einem Meter Höhe, mit ein wenig Lichteinfall, beträgt die Beleuchtungsstärke schon 1000 Lux und mehr, wobei die Schattenbildung der Pflanzen eine wesentliche Rolle spielt. Erst hoch oben in den Baumkronen herrscht die volle Beleuchtungsstärke von 100 000 Lux und mehr. Auch in Regenwäldern gibt es immer wieder offene Stellen, an denen das Sonnenlicht bis zum Boden reicht und so findet man auch Regenwaldbewohner, die sich auf solche sonnenexponierten Plätze spezialisiert haben.
Die natürliche Lichtintensität lässt sich in unseren Terrarien mit normalen Leuchtmitteln nur annähernd kopieren. So erreichen zehn 2 m lange Vollspektrum-Fluoreszenzlampen in einer Entfernung von 2,5 bis 3 m etwa eine Beleuchtungsstärke von 10 000 Lux. Es ist immer günstiger, mehrere Terrarien mit einigen großen Leuchtstoffröhren zu beleuchten, als jedes einzelne mit einer kleinen Lampe.

## HQI- und HQL-Lampen

Für größere Terrarien eignen sich außerdem die Metalldampf-Entladungslampen, wie zum Beispiel Quecksilberdampf-Entladungslampen (HQL) und die sehr teuren Joddampf-Entladungslampen (HQI). Auch sie können nur mit Vorschaltgeräten betrieben werden. Erhältlich sind diese Lampen im Aquarienhandel als komplette Strahler mit Reflektor. Neben der starken, gebündelten Lichtabgabe haben sie noch den Vorteil, eine gewisse Strahlungswärme zu erzeugen, die die Reptilien gerne annehmen. Um Verbrennungen zu vermeiden, muss jedoch ein gewisser Mindestabstand zwischen möglichem Aufenthaltsort der Tiere und Lampe eingehalten werden.

*12-Volt-Strahler eignen sich als Wärmequelle für Bodentiere.*

notwendigen Korrekturen durchführen. Neben der Temperatur werden auch die relative Luftfeuchtigkeit und ihre Schwankungen mit Hilfe eines Haarhygrometers gemessen. Maßnahmen zur Korrektur haben wir bereits oben beschrieben.

Ist alles in Ordnung und sind die Tiere in ihr neues „Habitat" entlassen, muss man gegebenenfalls Vorsorge gegen Überhitzung oder Unterkühlung durch äußere Einwirkungen treffen. Besonders im Sommer kann es leicht geschehen, dass die Raumtemperaturen so hoch steigen, dass jede weitere Beheizung eine große Gefahr darstellt.

Dem kann man vorbeugen, indem man mit einem Relais, das nach der Schaltuhr in den Stromkreis geschaltet ist und von einem im Zimmer angebrachten Temperaturfühler gesteuert wird, bei Erreichen einer gewissen Raumtemperatur die Heizung abschaltet. Mit einem zweiten Temperaturfühler kann man bei Erreichen noch höherer Temperaturen die gesamte Beleuchtung aus- und ein Gebläse einschalten.

Umgekehrt lässt sich ein derartiger Temperaturfühler natürlich auch zum Verhindern von zu niedrigen Temperaturen einsetzen, indem er die Heizung bei Unterschreiten einer bestimmten Temperatur, zum Beispiel 15 °C, bis zu deren Überschreiten einschaltet. Geeignete Temperaturfühler und Relais sind im Elektronikhandel erhältlich. Allerdings hält auch hier der Fachhandel leicht zu installierende Komplettlösungen bereit, wie der ThermoControl Pro II von Lucky Reptile. Mittels Uhr und zwei Temperaturschaltkreisen können hier sogar unterschiedliche Temperaturvorgaben für Tag und Nacht gesteuert werden. Die Schaltleistung derartiger Geräte beträgt 1000 Watt und die einstellbaren Temperaturen reichen von 0–50 °C. Für Räume, Wintergärten und Gewächshäuser empfehlen sich die sogenannten Frostschützer oder Frostwächter.

# Pumpen, Filter, Lüftung und Ventilation

Pumpen und Filter stehen in einer riesigen Produktpalette zur Auswahl. Für die einfache Wasserumwälzung oder das Betreiben eines Wasserlaufs oder -falls genügt eine einfache Pumpe, deren Leistung auf die Förderhöhe und Wassermenge abgestimmt sein muss.
Man sollte sich im Zweifelsfall für die stärkere Pumpe entscheiden, da ihre Leistung im Laufe der Zeit etwas abnimmt.
Lüfter und Ventilatoren werden sehr häufig zur Kühlung von Terrarien oder Räumen eingesetzt. Dabei ist zu beachten, dass eine tatsächliche Kühlung nur durch die Verdunstungskälte von Flüssigkeit oder durch Zufuhr von kühler Luft erreicht wird. Diese Vorgänge werden von der Luftbewegung durch Ventilatoren unterstützt. Ansonsten erzeugen die Motoren der Ventilatoren lediglich zusätzliche Wärme. Aber auch, wenn man nur eine Luftbewegung erzeugen will, muss man sie einsetzen.

## Pumpen einbauen

Für die Installation und Integration von Pumpen im Terrarium hat man verschiedene Möglichkeiten. Bei genügendem Wasserstand, zum Beispiel im integrierten Wasserteil, kann man kleinere, sogenannte Tauchpumpen, direkt in das Wasserbecken hineinlegen. Gebräuchlich sind die Zimmerspringbrunnenpumpen und zahllose Modelle aus der Aquaristik. Das Wasser wird direkt in einen dafür verlegten Schlauch gepumpt und tritt an der gewünschten Stelle wieder aus. Man kann eine Pumpe mit geringer Leistung (Wattzahl) verwenden, da die Förderhöhe im Gegensatz zu einer externen Pumpe meistens nicht sehr groß ist. Eine andere Möglichkeit ist das Verlegen der Pumpe in einen Auffangbehälter, ähnlich einem Außenfilter. Hierfür legt man einen Abflussschlauch vom Überlauf des Wasserbeckens in ein Gefäß (Eimer, Schüssel, Fass oder Aquarium), in dem sich die Pumpe befindet, die das Wasser über einen anderen Schlauch wieder in das Terrarium zurückdrückt. Hierbei hat man auch die Möglichkeit, das Wasser in dem Auffangbehälter mit einem Aquarienheizer zu erwärmen.
Je nach Größe der Anlage und der Durchflussmenge kann man alle gängigen Tauchpumpen verwenden. Leistungsstarke Kreiselpumpen sind für die Einrichtung eines Bachlaufs sehr gut geeignet. Es gibt sie in den verschiedensten Ausführungen. Manche Pumpen leisten etwa 3 $m^3$/h bei 1 m Wassersäule, sind in der Anschaffung aber nicht gerade preiswert. Die Pumpen werden außerhalb des Terrariums installiert und mit passenden Schläuchen verbunden. Der Durchmesser der Schläuche muss immer auf die Leistung der Pumpe abgestimmt sein.

## Filter

Nach dem Prinzip Tauchpumpen arbeiten auch die Außenfilter. Hier liegt der Vorteil in dem fertigen System und in der Filterung des Wassers. Da es auch Außenfilter mit eingebauter Heizung gibt, ist ein Temperieren des Wassers bei gleichzeitiger Filterung möglich. Es gibt hier Heizungen mit einem Außenfühler, der über ein Kabel in das Wasserbecken verlegt werden kann. Damit wird die Temperatur direkt im Wasserbecken überwacht.
Für alle Pumpen und Filteranlagen gilt, dass die Anschlüsse mit Absperrventilen bestückt werden sollten, da so beim Säubern unnötige Wasserplanscherei verhindert wird.

## Spezialfall Wasserfall

Wenn man einen Wasserfall betreiben möchte, muss nicht nur die Wassermenge bei der Berechnung der Pumpenleistung berücksichtigt werden, sondern auch die Förderhöhe. Sie wird in mWs (Meter Wassersäule) angegeben. Einige Hersteller bieten Pumpen an, die bei einer Leistung von 100 Watt maximal 5 mWs schaffen. Es ist empfehlenswert, sich in einem Zoo- oder Gartenfachhandel beraten zu lassen. Hier bekommt man alle gängigen Pumpen und Filtertypen. Größere Pumpen, wie sie zum Beispiel für Sickerschächte verwendet werden, bekommt man in Baumärkten. Sie sollten immer über einen Schwimmerschalter verfügen, der die Pumpe bei Trockenlauf abschaltet.

## Ventilation

Ein wichtiges Anwendungsgebiet von Ventilatoren ist der Transport von warmer oder kalter Luft, wie zum Beispiel das Absaugen kalter Luft aus dem Keller im Sommer und der Weitertransport ins Terrarium. Hierfür sind Rohrlüfter, die für genormte Rohrdurchmesser angeboten werden, am besten geeignet. Mit ihnen lässt sich die Luft gezielt ansaugen und auf zahlreiche Terrarien verteilen.
Da man in Terrarienräumen auf Zugluft verzichten sollte, benutzt man besser einen Deckenventilator, um eine gewisse Luftbewegung zu erzeugen. Wer Frischluft von draußen ansaugen möchte, bedient sich hierfür eines Fensterventilators.
Für die Luftbewegungen in den Terrarien benutzt man am besten Kleinstlüfter, wie sie zum Beispiel zum Kühlen von Elektrogeräten gebräuchlich sind. Hier sollte man auf die Qualität achten; so müssen die

Lüfter gut gelagert sein, da sie sonst nach einiger Zeit immer lauter werden. Kühllüfter für Computer sind hervorragend geeignet, da sie für den Langzeitbetrieb ausgelegt sind. Es gibt auch hier wieder sehr viele verschiedene Lüftertypen. Erwerben kann man sie in jedem gut sortierten Elektronikladen oder im Versandhandel. Wegen größerer Lüfter wendet man sich an den Elektrofachhandel.

Ein neues Produkt stellt das „Lucky Reptile Terra Fan Lüfterset" dar, welches mit zwei Lüftern ausgeliefert wird. Es handelt sich dabei um ein Niedervoltlüftersystem, welches abhängig von der Temperatur die Drehzahl der Lüfter steigen oder sinken lässt. So lassen sich Terrarien zumindest teilweise gegen Überhitzung schützen.

## Bauliche Voraussetzungen

Grundsätzlich sollte man immer durch Gazeflächen für eine natürliche Lüftung sorgen. Hierfür müssen immer ein Lufteintritt und ein -austritt vorhanden sein. Die verschiedenen Möglichkeiten, Lüftungen in Terrarien einzubauen, zeigen die Zeichnungen unten.

Eine Luftbewegung kann auch nur durch einen Temperaturunterschied hervorgerufen werden. So steigt warme Luft bekanntermaßen immer nach oben. Das kann man sich zunutze machen, indem man ein Wasserbecken temperiert. Ist das Wasser wärmer als die Luft, steigt die über dem Wasser erwärmte Luft nach oben. Hierbei transportiert sie Feuchtigkeit, die sich an den Pflanzen niederschlägt. Ein unangenehmer Nebeneffekt ist das Beschlagen der Scheiben. Natürlich kann man diese Form der Belüftung auch steuern. Wenn man zum Beispiel nur nachts die Wassertemperatur erhöht, findet sie auch nur in der Nacht statt. Am Tage wird das Terrarium geheizt und die Temperatur im Wasser etwas heruntergefahren. Damit man in der Nacht die Temperatur im Wasser erhöhen kann, muss eine weitere Heizung eingebaut werden. Über eine Zeitschaltuhr wird die zweite Heizung in der Nacht eingeschaltet, die auf einen etwas höheren Wert als die erste Heizung eingestellt ist. Hier reichen oft schon wenige Grad aus.

Ein ständig beschlagenes Terrarium ist ein Zeichen für schlechte Belüftung. Die verschiedenen Wege der Luftzirkulation in einem Paludarium zeigt die Zeichnung unten. Abhilfe bei beschlagenen Scheiben kann auch ein Lüfter schaffen, der Frischluft auf die Scheiben bläst. Besser ist es jedoch, man bringt eine Lüftungsfläche an der Vorderseite unter der Terrarientür an, sodass die Frischluft gleichzeitig die Kondensation der Luftfeuchtigkeit an der Frontscheibe verhindert.

*Möglichkeiten der Luftzirkulation in einem Paludarium.*

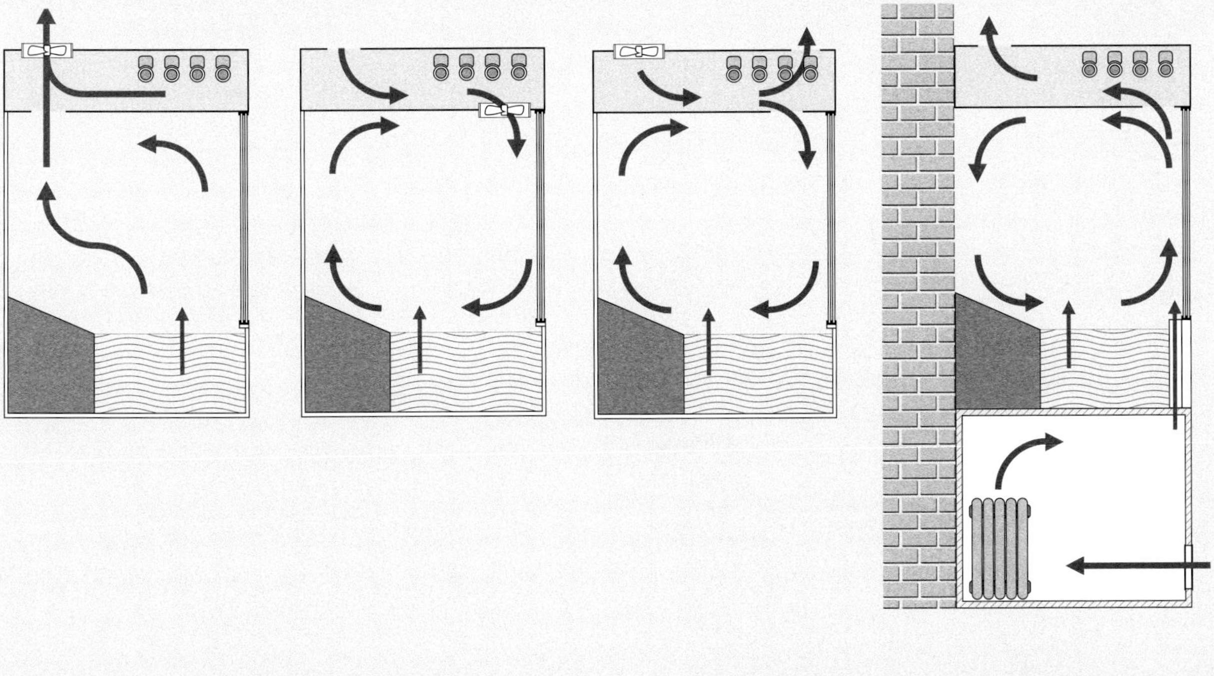

# Sprüh- und Nebelanlagen

Wer nur ein oder zwei Terrarien zu versorgen hat, kann diese leicht mit einer Pflanzen- oder Gartenspritze täglich von Hand überbrausen. Was aber, wenn der Urlaub naht oder man mehrere Terrarien besitzt? Dann lohnt sich der Bau einer vollautomatischen Sprühanlage. Mit ihr lassen sich die Tiere auf eine für sie angenehme Weise regelmäßig übersprühen und der Pfleger bleibt unabhängig, denn er kann selbst bei der Pflege von Regenwaldformen einige Tage wegfahren, ohne dass sich jemand um die Tiere kümmern muss. In der Mietwohnung betreibt man die Sprühanlage aus Sicherheitsgründen nur mit einer Hochdruckpumpe. Im Fall eines Lecks kann nur das Wasser des Vorratsbehälters auslaufen.

## Sprühanlage bauen

Im eigenen Haus kann man die Sprühanlage auch mit Hilfe des normalen Wasserleitungsdrucks in Betrieb nehmen. Man legt eine Wasserleitung zu den Terrarien und schließt an das Ende ein Magnetventil an, das man aus einer alten Waschmaschine ausgebaut oder im Elektrofachhandel gekauft hat. Das Ventil oder die Hochdruckpumpe werden durch eine digitale Zeitschaltuhr gesteuert. Wem die kleinste mögliche Einstellung (Sprühzeit eine Minute) noch zu lang ist, zum Beispiel für Wüstenterrarien oder Kleinstbehälter, der schließt an die Zeitschaltuhr noch ein Hausbeleuchtungsrelais an, mit dem jede gewünschte Zeitschaltung kleiner als eine Minute möglich ist. Das Relais empfiehlt sich auch als zusätzliche Sicherheitsmaßnahme für den Fall, dass die Schaltuhr durch einen Defekt den Kontakt nicht rechtzeitig trennt. In die Terrarien klebt man schließlich die Düsen (im Gartenbedarf erhältlich) ein, die über ein Schlauchsystem an das Magnetventil oder die Pumpe angeschlossen werden.
Für einen sicheren Betrieb der Sprühanlage mit Hilfe der normalen Wasserleitung baut man vor das Magnetventil auf jeden Fall einen Feinfilter ein, damit sich keine Teilchen im Ventil festsetzen und den Verschluss behindern. Zusätzliche Sicherheit erhält man mit zwei hintereinander geschalteten Magnetventilen für den Fall, dass eines nicht mehr schließen sollte.

## Abfluss

Es gibt nun zwei Möglichkeiten: Entweder man sprüht nur so viel Wasser, wie sofort wieder verdunstet oder von den Pflanzen aufgenommen wird, zum Beispiel in einem Wüsten- oder Trockenterrarium, oder man baut einen Abfluss ein. Dafür sollte man bereits beim Bau des Terrariums ein Loch mit dem erforderlichen Durchmesser in den Boden bohren. Will man nicht sofort eine Beregnungsanlage in seinem Terrarium installieren, kann man die Bohrung einfach mit Silikonkleber und einem etwas größeren Glasstück abdichten. Bei späterem Bedarf lässt sie sich wieder mit einer Rasierklinge freischneiden.
Am gebräuchlichsten und empfehlenswertesten sind die Abflusssysteme für Wohnwagenwaschbecken (Caravanzubehör). Für sie ist beispielsweise eine 27 mm starke Bohrung im Boden erforderlich. In diese steckt man nun den man einseitig verschraubbaren Abfluss, der von unten mit einer Überwurfmuffe fest an der Bodenplatte verschraubt wird. Obwohl der Abfluss mit einem Dichtungsring versehen ist, scheint er hin und wieder undicht zu sein, sodass es sich empfiehlt, ihn mit Silikon einzukleben.
Der Abfluss im Terrarium muss gut durch aufgeklebte Filterwatte oder anderem Material gegen das Eindringen von Einrichtungsgegenständen und Tieren gesichert werden. Alternativ kann der Abfluss als Überlauf mit entsprechendem Drahtschutz oder Ähnlichem gestaltet werden. Den Abfluss schließt man an ein dichtes Schlauchsystem an, welches das Wasser möglichst direkt in ein Abwasserrohr leitet oder es auch in Eimern sammelt, die dann regelmäßig geleert werden müssen.

## Käufliches Sprühsystem

Als zweite gebräuchliche Sprühanlagenvariante wollen wir das „Gardena Multi-Drop-System" beschreiben, das aufgrund seiner leichten Verlegbarkeit immer häufiger Einzug in Terrarien hält. Leider hat auch dieses System seine Tücken und sollte laut Hersteller nur im Freien verwendet werden! Es hat sich jedoch bei sorgfältiger Verlegung auch im eigenen Haus bestens bewährt.
Basisgerät einer solchen Sprühanlage ist der sogenannte Bewässerungscomputer, der aus einer Zeitschaltuhr besteht, die mit einem Magnetventil kombiniert ist. Es gibt die Anlage in zwei verschiedenen Ausführungen: zum Betreiben einer Sprühanlage oder von bis zu vier unabhängig voneinander geschalteten Bewässerungssystemen. Die Zeitschaltuhr hat eine kürzeste Zeitschaltung von einer Minute und kann zusätzlich verschiedene Tages- und Wochenprogramme steuern.
Der Bewässerungscomputer arbeitet mit einer Batterie, mit deren Strom auch das Magnetventil geöffnet wird. Ist die Batterie zu schwach, öffnet sich das Magnetventil nicht

mehr, weshalb regelmäßige Kontrollen (laut Hersteller hält eine Batterie etwa ein Jahr) nötig sind.
Da es auch bei diesem System geschehen kann, dass sich ein kleines, festes Teilchen beim Schließen im Magnetventil festsetzt, empfiehlt sich auch hier, einen zweiten Bewässerungscomputer direkt hinter den ersten zu schalten, damit einer die Wasserzufuhr unterbindet, wenn der andere versagt. Außerdem kann man einen Teilchenfilter in die Wasserzuführung vor dem Bewässerungscomputer einbauen.
Der Bewässerungscomputer wird über ein Schlauchsystem an einen Wasserhahn mit Gewinde angeschlossen. Von ihm führt dann die Wasserleitung zuerst in einen Druckminderer mit kombiniertem Feinfilter (damit die Düsen nicht verstopfen) und von dort direkt über ein System von Schlauchverbindungen in die Terrarien. Alle Anschlüsse, Verbindungsstücke, Schläuche und Düsen gibt es für dieses Bewässerungssystem im gut sortierten Gartenbedarfshandel zu kaufen. Im Haus sollte man die Düsen nicht direkt an die Schlauchleitung anschließen, indem man sie hineinsticht und -steckt. Selbst bei sorgfältiger Arbeit ist diese Verbindung nie ganz dicht. Besser ist es, die Düsen direkt an einem Ende des dünnen Schlauches festzuschrauben und die Schläuche mittels T-Stück miteinander zu verbinden.

## Düsen

Ein weiterer Vorteil des Systems ist die große Auswahl verschiedener Düsen, von der einfachen Tropfdüse über Sprühdüsen mit unterschiedlichen Abstrahlwinkeln bis hin zu den Nebeldüsen. So eignen sich die Tropfdüsen zum Beispiel dafür, Wasserschälchen in Trockenterrarien regelmäßig nachzufüllen.
Je nach Härtegrad des Wassers verstopfen die Düsen nach einer gewissen Zeit. Damit nicht plötzlich ein Terrarium ohne Wasserversorgung dasteht, müssen alle Düsen in regelmäßigen Abständen auf ihre Funktion überprüft werden.

## Wassertemperatur

Ein viel diskutiertes Problem ist die Temperatur des Sprühwassers, die vielen zu niedrig für die Tiere erscheint, wenn es unmittelbar aus der Leitung kommt. Wer also für warmen „Niederschlag" sorgen will, sollte im Terrarienzimmer unter der Decke einige Meter Kupferrohr oder Druckschlauch verlegen, wo sich die Wassertemperatur angleichen kann. Da sich das Wasser im Sommer viel zu stark erwärmen kann, sollte man diese Einrichtung auch überbrücken können.

## E.N.T.-Sprühanlage

Neben diesen echten Selbstbausprühanlagen hält der Fachhandel für Terraristik einige sehr sichere und für die Wohnung geeignete Systeme bereit. Im Gegensatz zu den ersten beiden Sprühsystemen arbeiten die Sprühanlagen von E.N.T. und Namiba Terra mit einer speziellen Hochdruckpumpe (keine Tauchpumpe), die einen Druck von circa 7 bar und eine maximale Durchflussrate von 1 l pro Minute erzeugt. So kann diese Anlage unabhängig von einer Wasserleitung an jedem Ort betrieben werden. Leider beträgt die Ansaughöhe der Pumpe nur etwa 20 cm, weshalb sie unterhalb des Wasserspiegels des Vorratsbehälters angebracht werden muss. Die Herstellerfirma hat hierfür spezielle Wasservorratsbehälter mit einem Volumen von 10 oder 20 l hergestellt, mit einer Art doppelten Boden für die Pumpe.
Der Vorteil dieser Sprühanlage ist ihre fast universelle Einsetzbarkeit und leichte Installation, innerhalb weniger Minuten ist sie komplett verlegt. Auch hier ist für das Einsetzen der Düsen wieder eine 10-mm-Lochbohrung in der Terrariendecke erforderlich. Diese sollte ebenso wie eine Bohrung für den Abfluss beim Neukauf oder Neubau eines Terrariums berücksichtigt werden.
Über Hochdruckschläuche, für die es ein spezielles Programm an Steckverbindungen und Verteilern gibt, wird das Wasser zu den Feinnebeldüsen geleitet. Bei den Verbindungen und Verteilern handelt es sich um ein einfaches Stecksystem für eine werkzeuglose und schnelle Installation der Anlage. Dabei ist auf eine sorgfältige Verlegung der Schläuche zu achten, weil von der Pumpe ausgehende Vibrationsgeräusche auf den Druckschlauch übertragen werden. Die Leitungen mit Kabelbindern oder Gewebeklebeband sollten deshalb außerhalb des Terrariums befestigt werden. Gesteuert wird diese Sprühanlage einfach durch eine Zeitschaltuhr.

## Nochmals Düsen

Mit einer einzigen Pumpe können 10 bis 12 Düsen problemlos betrieben werden. Für größere Terrarienanlagen wird eine stärkere Hochdruckpumpe benötigt. Bei Betrieb einer Beregnungsanlage mit zwei oder drei Düsen ist ein Schlauch mit 4 mm Durchmesser als Versorgungsleitung völlig ausreichend. Dieser wird mit einer oder zwei Y-Verteilerstücken auf die Düsen verzweigt. Für größere Terrarienanlagen mit mehr

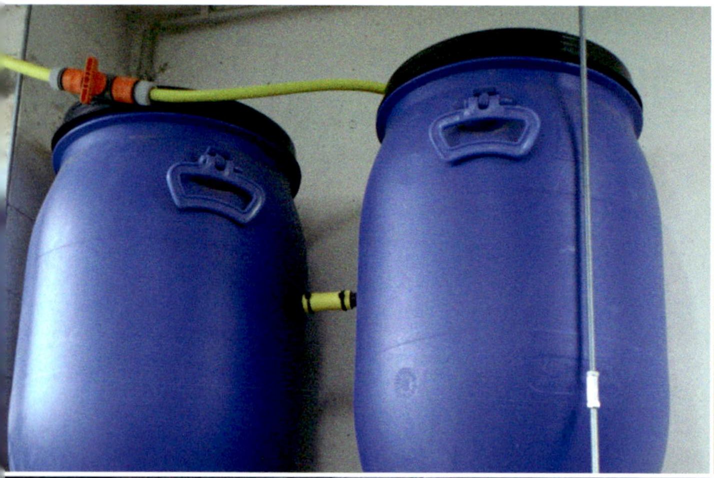

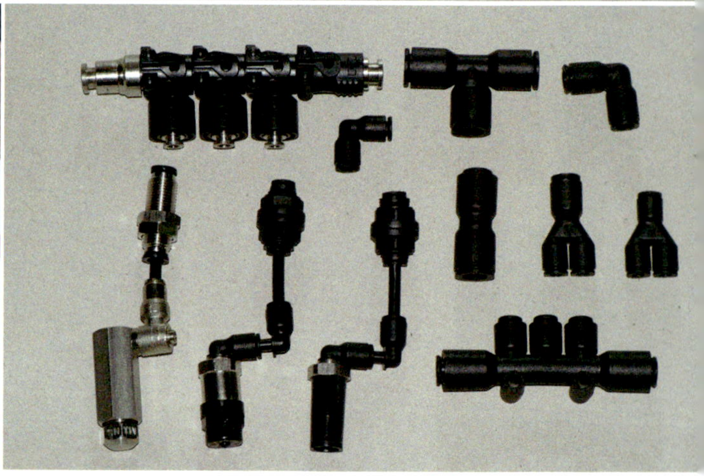

*Oben links: Auffangbehälter für Regenwasser.*
*Unten links: Abflussleitungen unter den Terrarien.*

*Oben rechts: Verschiedene Abflüsse.*
*Unten rechts: Verteiler und Düsen der Sprühanlage der Firma ENT.*

Düsen ist eine Versorgungsleitung mit 6 mm Durchmesser nötig.
Die Düsen bestehen hauptsächlich aus einem Neusilber-Düsenkopf mit herausschraubbarem Feinfilter, der auch kleinste Schmutzpartikel zurückhält. Jede einzelne Düse kann stufenlos horizontal und vertikal ausgerichtet werden, sodass man das Terrarium gezielt überbrausen kann.
Der Durchfluss einer Düse beträgt 0,05 l pro Minute. Diese geringe Menge erlaubt ein mehrmals tägliches Besprühen eines Terrariums, ohne dass man Angst vor einer Überflutung haben müsste. Durch den Sprühwinkel von 80° wird eine relativ große zu benetzende Fläche erreicht. Für ein Terrarium mit einer Grundfläche von 80 × 50 cm sind zwei Düsen völlig ausreichend.

## Nebel per Ultraschall

Bereits seit einiger Zeit werden Ultraschall-Luftbefeuchter als Nebelanlagen zur Terrarienbefeuchtung oder zur Steigerung der relativen Luftfeuchtigkeit in den Terrarien eingesetzt. Zum Beregnen eignen sie sich nicht, weil die austretende Wassermenge viel zu gering ist. In der Regel sind Nebelanlagen wesentlich betriebssicherer als Sprühanlagen, denn sie arbeiten nicht mit dem hohen Wasserleitungsdruck und die Terrarien müssen nicht mit einem Abfluss ausgestattet sein. Deshalb können sie in jeder Wohnung zur Befeuchtung der Terrarien benutzt werden.

*Eine unter die Deckscheibe geklebte Düse.*

## Vorplanen lohnt sich

Der Einbau einer Sprühanlage erfordert planerische Vorarbeit, bei der die unterschiedlichsten Gesichtspunkte bedacht sein wollen. Der Rat eines Fachmanns ist dabei empfehlenswert. Auch bei einem Terrarium mit Sprühanlage muss man regelmäßig kontrollieren, ob alle Bereiche mit ausreichend Wasser versorgt werden und abseits stehende Pflanzen gegebenenfalls separat gießen oder besprühen.

Für die Amphibienpflege haben Ultraschall-Luftbefeuchter wesentliche Vorteile. So reagieren die Tiere viel schneller und stärker auf die 100 %ige relative Luftfeuchtigkeit als auf ein Überbrausen. Und es ist immer wieder ein besonderes Schauspiel, wenn sich größere, dekorativ bepflanzte Schaubecken oder Paludarien langsam mit Nebel füllen, der sich dann innerhalb von etwa 30 Minuten an den Pflanzen oder der übrigen Einrichtung niederschlägt, bis die Luft wieder klar ist. Fast alle Frösche und Molche verlassen währenddessen ihre Verstecke und sind ausgesprochen aktiv. So beginnen die Männchen häufig sofort zu rufen und um die Weibchen zu werben.

## Nebelanlage bauen

Zum Bau einer Nebelanlage benötigt man einen der im Handel erhältlichen Ultraschall-Luftbefeuchter und sollte beim Kauf darauf achten, dass er einen Entkalker enthält. Die meisten anderen Geräte dürfen nur mit destilliertem Wasser betrieben werden. Der Wasservorrat sollte über eine Woche reichen, ideal sind daher Geräte mit einem 10-l-Tank.

An die Öffnung, aus der der Wasserdampf austritt, wird ein Rohrsystem angeschlossen. Dabei muss das Rohr, das den Dampf vom Gerät bis zu den Terrarien führt, einen Durchmesser von mindestens 60 mm haben. Daran schließt man dünnere Rohre mit einem Durchmesser von etwa 30 mm an. Dabei darf der Leitungsweg nicht zu lang sein.

Die Rohre müssen im Terrarium enden und mit sehr grobem Gewebe (Maschenweite etwa 5 mm) gegen das Eindringen von Tieren gesichert sein. Sehr wichtig ist ein leichtes Gefälle der gesamten Rohrleitung, damit das in den Rohren kondensierende Wasser ins Gerät oder ins Terrarium ablaufen kann.

Mit einer Nebelanlage lassen sich je nach Leistungsstärke des Luftbefeuchters vier bis acht normale Terrarien betreiben. Da der Wasseraustritt sehr gering ist, darf man nicht vergessen, zusätzlich zu sprühen und die Pflanzen zu gießen.

# Klimageräte, Computer und Brutapparate

Wenn man seine Tiere auf dem Dachboden unterbringen muss, kann es dort im Sommer schnell sehr heiß werden. Hier und auch zur Simulation einer Winterzeit, greift man auf moderne Klimageräte zurück, die einfach zu handhaben und schnell aufgestellt sind. Sie eignen sich aber nur für das ganze Terrarienzimmer! An die Kosten sollte man schon vorher denken, dann ist der Schreck bei der nächsten Stromabrechnung nicht so groß.

## Computer

Computertechnik lässt sich auch zum Betreiben eines Terrariums nutzen. Komplizierte Steuerungen und Überwachungen lassen sich mit einem Rechner leicht realisieren. Es genügt ein älteres Modell, das man günstig bekommt. Weiter braucht man eine Steckkarte, die alle analogen in digitale Signale umwandelt und umgekehrt. Eine Relaiskarte schaltet die nötigen Stromkreise ein oder aus. Für die Messung einzelner Werte benötigt man noch die dazugehörigen Geräte. Über den Computer kann man bestimmte Messwerte miteinander vergleichen und zur Grundlage von Schaltvorgängen machen, wie Heizung und Lüfter ein- und auszuschalten. Auch die Steuerung von Luftfeuchtigkeit und Temperatur bei Tag und Nacht kann realisiert werden, ebenso die sehr wichtigen jahreszeitlichen Unterschiede, mit längeren oder kürzeren Beleuchtungsphasen, Regen- und Trockenzeiten. Alle Abläufe können zudem täglich verändert werden. In Verbindung mit einem Kühlgerät lassen sich auch Winterpausen mit entsprechenden Temperaturverläufen realisieren. Es lassen sich alle Vorgänge abfragen, sämtliche Messwerte am Bildschirm anzeigen oder ein Stromverbrauchsdiagramm erstellen. Hierfür muss ein Programm geschrieben werden, eventuell von einem Programmierer. Computerclubs helfen meist dabei. Auch der Aufbau der Anlage sollte mit dem Fachmann besprochen werden, nachdem man seine Wünsche und Vorstellungen durchdacht und genau aufgeschrieben hat.

## Brutapparate selbst bauen

Es gibt unterschiedlichste Brutkästen zur Zeitigung von Reptilieneiern. Teure und aufwendige Brutapparate wie sie Zoos benutzen, lohnen sich für den Terrarianer selten. Sehr gut bewährt hat sich die Kunstglucke der Firma Jäger (siehe Seite 157). Hier die Anleitung für den Selbstbau nach dem empfehlenswerten Konzept von Broer & Horn (1985). Unser Brutkasten hat die Außenmaße 50 × 40 × 60 cm (Länge × Tiefe × Höhe). Material: 16 mm starke Spanplatten mit Schleiflackbeschichtung, Vierkanthölzer 35 × 15 mm, Presspappe (3 mm stark), Alugaze, eine Glasscheibe 30 × 50 cm, Klavierband als Scharnier, 1 Kabelheizer (35 Watt), 1 Papst-Lüfter (50 m$^3$/h) oder ähnlicher Lüfter, 1 Temperaturregler.
Bei diesem Brutapparat handelt es sich um zwei Holzkästen, die ineinander stehen und miteinander verbunden sind. Zuerst baut man den äußeren Kasten. An den Boden (50 × 40 cm) schraubt man zuerst die Rückwand (50 × 60 cm), danach an beides die Seitenwände (36,8 × 60 cm). Die Vorderfront ist zweigeteilt, wobei beide Bretter die Maße 50 × 15 cm haben. Sie werden oben und unten vor die Kanten der Seitenteile geschraubt. Als nächstes wird in jeder Ecke ein Vierkantholz mit der flachen Seite an der Rückwand oder den beiden Vorderbrettern angeschraubt. Die Hölzer sind 35 cm lang und stehen auf dem Boden. An den Seiten schraubt man zwei Stücke Presspappe in den Größen 36,8 × 30 cm so an die Vierkanthölzer, dass sie mit deren oberem Ende abschließen. So erhält man an den Seiten auf einer Höhe von 30 cm je eine doppelte Wand mit einem Zwischenraum von 35 mm.
Jeweils 2 cm vom oberen und unteren Ende der Presspappe entfernt, schraubt man einen Rahmen aus Vierkantholz in den Innenraum, der als Auflage für den Deckel des inneren Kastens dient, der die Größe des Rahmens besitzt. In der Mitte des Deckels wird ein Loch in der Größe der Lüfterflügel ausgesägt und der Ventilator nun von oben über das Loch geschraubt.
Den Boden des inneren Kastens fertigt man aus einem Rahmen aus Latten und bespannt ihn mit grober

*Display der Steuerungsanlage von E.N.T.*

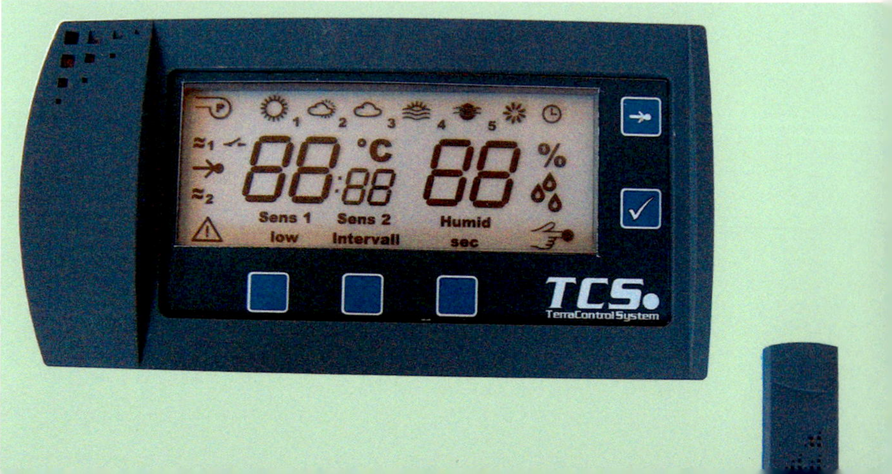

*Blick in einen Inkubator.*

Gaze. Es kann auch Alu-Lochblech benutzt werden, das auf dem unteren Rahmen aufliegt. Der innere Kasten ist durch den Deckel mit Lüfter nach oben geschlossen und nach unten durch Gaze oder Lochblech. Der Deckel für den äußeren Kasten von 50 × 40 cm wird von oben auf den äußeren Rand geschraubt. Unter diesem Deckel haben wir die 35 Watt starke Kabelheizung befestigt, die über einen Thermostat, der am Boden des Kastens die Temperatur misst, gesteuert wird. Mit der Heizung wird auch gleichzeitig der Lüfter eingeschaltet. Dieser saugt die Luft aus dem inneren Kasten, bläst sie auf das Heizkabel und drückt sie seitlich wieder nach unten. Hier wird die Temperatur gemessen und auf dem eingestellten Messwert gehalten. Mit einem durch ein Kabel mit dem Temperaturfühler verbundenen Thermostaten kann man die Temperatur direkt an den Eiern messen und auf ein zehntel Grad genau einhalten. Dies kann für die temperaturabhängige Geschlechtsbestimmung sehr wichtig sein.
Die Vorderseite des Brutapparates ist durch eine passend geschnittene, mit Klavierband befestigte Scheibe abgedeckt. Sie schließt die Öffnung, durch die der innere Kasten wie eine Schublade herausgezogen werden kann. Das Klavierband wird an ihr mit Silikonkleber befestigt. Die Eier selbst liegen in geschlossenen Plastikkästen, zur Hälfte gefüllt mit feuchtem Vermiculite oder Perlite. Im oberen Drittel des Kastens sorgen mehrere 1 mm große Löcher für Gasaustausch. Alle zwei bis drei Tage kontrolliert man Eier und Substratfeuchtigkeitsgehalt.

## Andere Lösung

Einen wesentlich einfacheren Brutbehälter baut man sich aus einem Plastikaquarium. Das Becken wird bis zur Hälfte mit Wasser gefüllt und über einen Aquarienheizer die Temperatur eingestellt. Ins Wasser legt man ein oder zwei Ziegelsteine, die etwas über die Wasseroberfläche reichen, darauf ein passend geschnittenes Alu-Lochblech. Es muss an allen Seiten des Aquariums anliegen und verhindert so, dass ein Jungtier aus den Schlupfkästen entweichen und ins Wasser fallen kann. Auf dem Blech stehen die Plastikkästen mit den Eiern. Das Aquarium wird mit einer schräg liegenden Glasscheibe abgedeckt, sodass Schwitzwasser nur an einer Seite heruntertropft. Damit ein geringer Luftaustausch im Behälter stattfindet, wurden kurz über dem Alublech auf der einen Seite und kurz unter dem oberen Rand auf der anderen je eine Reihe 1 mm große Löcher gebohrt. Alle zwei bis drei Tage werden auch hier die Eier kontrolliert.

# Betreiben der Terrarienanlage

Vor der Anschaffung eines Terrariums muss man sich gut überlegen, wie aufwendig die Anlage sein darf. Energie- und Anschaffungskosten der technischen Geräte und die zur Pflege benötigten Zeit schlagen zu Buche. Hier ist weniger oft mehr. Was hat man von der schönsten Schauanlage im Wohnzimmer, wenn die Zeit nicht mehr zum Scheibenputzen reicht oder von der umfangreichen „Raritätensammlung“, wenn nur noch die Grundversorgung möglich ist. Daher muss die Terrarienanlage so gewählt sein, dass die Arbeit nie zu Belastung oder Stress wird.

## Auch an Abwesenheiten denken

Fast alle Tiere benötigen eine gewisse tägliche Pflege, sei es nur das morgendliche Überbrausen. Und was macht man aber während eines Urlaubes? Auch über die Versorgung der Tiere bei Krankheit sollte man rechtzeitig nachdenken, sonst muss man auf die Tiere verzichten.

*Attraktives Großraumterrarium mit einer Rückwand aus Kunstfelsen der Firma Namiba Terra.*

## Beobachten und kontrollieren

Wichtig neben täglicher Kontrolle und laufender Beobachtung ist das Sammeln aller wichtigen Daten und Veränderungen. Aufzeichnungen (Eiablage, Geburt, Schlupf, Paarung, Häutung) können nicht nur von wissenschaftlichem Interesse sein; oft lassen sie Rückschlüsse bei Erkrankungen zu. Am besten legt man sich für jede Tierart ein Tagebuch an, mit dem man später wichtige Ereignisse nachvollziehen kann.
So gibt es auch recht ungestüme Pfleglinge, die bei der kleinsten Störung hektisch durch das Terrarien laufen. Dabei kommt es immer wieder vor, dass sie mit voller Geschwindigkeit gegen die Frontscheibe stoßen und sich Verletzungen im Schnauzenbereich zulegen. Dies kann man auf ganz einfache Weise verhindern, indem man vor die Frontscheibe ein sehr grobmaschiges Netz spannt, was die Tiere auch im Sprint sofort als Hindernis erkennen.

## Beschränkung zahlt sich aus

Die für ein Terrarium oder eine Terrarienanlage benötigte Zeit ist durch deren Größe vorgegeben. Es ist immer zu empfehlen, seine Terrarien auf einen Raum zu konzentrieren und nicht einen Teil der Tiere im Keller, im Wohnzimmer und auf dem Dachboden zu pflegen. Je mehr die Anlage verteilt ist, desto leichter vergisst oder vernachlässigt man bestimmte Bereiche.
Sollte sich wegen verschiedener klimatischer Ansprüche ein Zusammenlegen der Terrarien erübrigen, muss man sich fragen, ob es nicht besser wäre, sich auf die Pflege von Tieren eines Klimabereichs zu beschränken. Für die Pflege in Keller oder kühlen Räumen sind zahlreiche Chamäleonarten geeignet, besonders die madegassischen und ostafrikanischen Hochlandformen oder die Zwergchamäleons aus Südafrika, weil sie große Tag-Nacht-Temperaturschwankungen für ihr Wohlergehen benötigen. Will man dazu Pfeilgiftfrösche pflegen, so sollten dies möglichst Arten aus dem Hochland von Peru sein, die keine hohen Temperaturen brauchen und gegen kühle relativ unempfindlich sind, wie *Phobobates (Epipedobates) silverstonei* oder die im gleichen Verbreitungsgebiet vorkommende Variante von *Dendrobates ventrimaculatus*. Ferner kann man unter diesen klimatischen Gegebenheiten als relativ unempfindlich geltende Arten pflegen, wie viele argentinische und chilenische Leguane, denn sie brauchen nur am Tag sehr hohe Temperaturen und auch eine enorme Tag-Nacht-Schwankung.

## Ästhetische Aspekte

Der zeitliche Aufwand hängt auch vom persönlichen Geschmack ab. So sind saubere Scheiben nicht unbedingt für das Wohlbefinden der Tiere nötig, beschmutzte aber wirken auf einen Betrachter immer störend. Der Familienfriede kann gefährdet sein, wenn das Terrarium im Wohnzimmer ständig veralgte und verdreckte Frontscheiben hat. Im separaten Terrarienzimmer, das nur von aktiven Terrarianern betreten wird, spielt dies eine untergeordnete Rolle.

## Reinigung

Bei hoher Luftfeuchtigkeit oder häufigem Sprühen bilden sich schnell Kalkablagerungen und nach einiger

Zeit Algenrasen an den Scheiben. Hier hilft nur ständiges Säubern mit einem möglichst neutralen Reinigungsmittel. Als Putzlappen hat sich ein Mikrofaserprodukt namens Ha-Ra oder ähnliche aus diesem Material als besonders geeignet erwiesen. Will man Reinigungsmittel verwenden, muss man die Scheiben vorher vom Terrarium entfernen und nach dem Säubern kräftig spülen, um alle Reinigungsmittelrückstände zu entfernen. Anschließend werden die Scheiben sorgfältig trocken geputzt, damit sich keine Streifen und Wasserflecken bilden. Kalkflecken lassen sich, wenn sie nicht zu hartnäckig sind, leicht mit Reinigungsmitteln für Zahnprothesen entfernen. Es dürfen niemals phenolhaltige Reiniger verwendet werden, da Amphibien und Reptilien darauf sehr empfindlich reagieren. Scheiben im Wasserteil säubert man mit einem feinen Schwamm oder Scheibenreiniger aus der Aquaristik, niemals mit dem Sand des Bodens oder anderen Scheuermitteln, sie würden die Scheiben zerkratzen.
Filter in Aquarien und größeren Wasserbecken müssen regelmäßig gesäubert werden, je nach der Größe des Wasserteils und der Art und Anzahl der Tiere. Besonders häufig, meist wöchentlich, sind Wasserwechsel und umfangreiche Filteranlagenreinigung bei Tierarten notwendig, die den Kot im Wasser absetzen, wie Wasserschildkröten und Riesenschlangen. Außerdem sollte man dann nur Filtertypen und -materialien wählen, die sich leicht reinigen und handhaben lassen.
Hilfreich ist das Säubern des Bodengrundes von grobem Schmutz wie Futterresten und Kot, bevor diese in den Filter gelangen. Hierzu eignen sich die „Mulmheber" aus dem Zoofachhandel.

## Leuchten

Um beschlagene Leuchtstoffröhren nach einer gewissen Zeit von Kalkresten zu befreien, muss man sie auf jeden Fall herausnehmen und am einfachsten mit einem Ha-Ra Tuch abreiben. Jedoch darf man mangelnde Lichtleistung nicht immer auf verschmutzte Röhren zurückführen. Alle verlieren im Laufe eines langen „Betriebslebens" stark an Leistung. Bei der Beurteilung, ob die Leuchtkörper noch ausreichen, sollte man sich nicht auf sein menschliches Auge verlassen. Klarheit verschafft nur ein Lux-Meter. Als Faustregel galt früher beim Betrieb der Leuchtstoffröhren mit den alten Vorschaltgeräten, dass nach einem Jahr ein Austausch fällig war. Die Lebensdauer ist aber mit elektronischen Vorschaltgeräten deutlich höher. Natürlich dürfen elektrische Geräte aller Art nur im ausgeschalteten Zustand gesäubert werden.

## Wassereinrichtungen

Trinkwassergefäßen müssen nicht unbedingt täglich, aber regelmäßig gereinigt werden. Bei Verschmutzungen durch Exkremente müssen sie allerdings sofort gesäubert werden. Bei Sprühanlagen sollten in regelmäßigen Abständen die Düsen kontrolliert werden. Je nach Härtegrad des Wassers können sie durch Kalkablagerungen verstopfen. Bemerkt man dies nicht rechtzeitig, können die Tiere verdursten. Daher sollten alle Düsen während des Betriebes einmal im Monat kontrolliert und kurz abgeschraubt werden, um eventuelle Ablagerungen zu entfernen oder sie im Ultraschallbad für Brillen und Schmuck zu reinigen.
Auch Rohre und Schläuche der Filteranlagen und vor allem Abflüsse der Terrarien veralgen mit der Zeit und müssen hin und wieder gereinigt werden. Hierfür benutzt man eine Flaschenbürste aus dem Haushalt. Längere Schläuche werden mit einem Stück zurechtgeschnittenen, groben Schwamm durchgespült. Hierbei steckt man das Stück Schwamm in den Schlauch und drückt ihn mit dem Wasserdruck der Hauswasserleitung hindurch. Dies wiederholt man, bis die Leitung sauber ist. Im Zoofachhandel sind auch Schlauchreinigungssets erhältlich, die aus einer Art Flaschenbürste an einem sehr langen flexiblen Draht bestehen. Sie werden ebenfalls unter leichten Drehbewegungen durch den Schlauch geschoben. Um sich diese Arbeit zu ersparen, kann man von Anfang an lichtundurchlässige Schläuche verwenden.

## Innenraum

Es ist nicht von Vorteil, wenn die Tiere jede Woche eine neue Umgebung vorfinden, Leben in vertrauten Revieren ist fester Bestandteil ihres Wohlbefindens. Das Säubern von Einrichtungsgegenständen im Terrarium, wie Kletterästen, Bambusstangen, Steinplatten und Wandverkleidungen, sollte daher auf ein Minimum beschränkt sein. Auch sollte die Inneneinrichtung nur selten umdekoriert werden. Lediglich größere Kothaufen oder Hautreste müssen sofort entfernt werden. Das Säubern der Einrichtungsgegenstände geschieht am besten mit einer Bürste unter fließendem Wasser. Überbrühen mit heißem Wasser nach dem Reinigen tötet einen großen Teil der Keime ab. Das Wechseln des Bodengrundes hängt ab von den Tieren und der Bodenbeschaffenheit. In Großterrarien mit üppiger Bepflanzung und minimalem Tierbestand kann sich im Laufe der Zeit ein biologisches Gleichgewicht einstellen. Dann ist ein Wechsel eher nachteilig. Bei der Haltung größerer Tiere wird man nur den Kot entfernen. Um dies zu vereinfachen, pflegen zahlreiche Schlangenliebhaber ihre Tiere auf Holzgranulat, das die überschüssige Feuchtigkeit hervorragend aufnimmt und bei dem der Kot mit einer großen Pinzette oder kleinen Schaufel entnommen wird. Einige Arten, wie Leopardgeckos, benutzen oft immer wieder den gleichen Platz für ihr Geschäft. Hier kann man nach einiger Zeit den ganzen Bereich abtragen und durch neues Substrat ersetzen.

# Zum Nachschlagen

## Tierschutzbestimmungen

Zahlreiche Amphibien- und Reptilienarten fallen unter die verschiedenen Artenschutzbestimmungen, hierzu verweisen wir auf die Literatur zu den einzelnen Tiergruppen. Wer sich geschützte Arten anschaffen will, muss sich umfangreich informieren. Auskunft erteilen die zuständigen Behörden (dies ist je nach Bundesland unterschiedlich geregelt. Folgende Gesetze in ihrer derzeit gültigen Fassung geben Auskunft:
Das Bundesnaturschutzgesetz – Die Bundesartenschutzverordnung (BArtSchV) – Das Washingtoner Artenschutzübereinkommen (WA, auch CITES-Abkommen) – Die EU-Artenschutzverordnung 338/97 – Die Naturschutzgesetze der einzelnen Bundesländer.
Sehr hilfreich ist in diesem Zusammenhang das BNA-Artenschutzbuch, welches einen guten Überblick über die gültigen Artenschutzbestimmungen vermittelt (zu beziehen beim Bundesverband für fachgerechten Natur- und Artenschutz e. V., Postfach 1110 in D-76707 Hambrücken).
Zu den ebenfalls stets zu beachtenden Bestimmungen gehört auch das Tierschutzrecht. Im Folgenden auszugsweise das entsprechende Gutachten über die Mindestanforderungen an die Haltung von Reptilien vom 10. Januar 1997, herausgegeben vom BMELF (Bundesministerium für Ernährung, Landwirtschaft und Forsten). Die Mindestanforderungen an die Haltung von Reptilien aber auch von Anuren und Urodelen sind jeweils als Sonderausgabe in der DGHT-Geschäftsstelle, Postfach 14 21 in 53351 Rheinbach käuflich zu erwerben.
Um Probleme mit der Naturschutzbehörde zu vermeiden, sollte man sich bei der Haltung von Terrarientieren an diese Richtlinien halten, da sie den Behörden als Maßstab dienen. Es wird von den Behörden auch bei den Liebhabern Wert auf Sachverstand gelegt. Hierfür bietet der DGHT/VDA einen Sachkundenachweis an. Siehe auch **www.sachkundenachweis.de** und **www.dght.de**

**Beispielhaft ein Auszug aus den Mindestanforderungen für Reptilien**

*Wer ein Tier hält, oder zu betreuen hat, muss dieses seiner Art und seinen Bedürfnissen entsprechend angemessen ernähren, pflegen und verhaltensgerecht unterbringen; er darf die Möglichkeit des Tieres zu artgemäßer Bewegung nicht so einschränken, dass ihm Schmerzen oder vermeidbare Leiden oder Schäden zugefügt werden (§ 2 des Tierschutzgesetzes).*
*Deshalb müssen vor dem Kauf eines Reptils Kenntnisse über die Biologie der betreffenden Art und die sich daraus ergebenden Haltungsanforderungen erworben sowie ein Terrarium für seine artgemäße Haltung vorbereitet werden. Dem Erwerb von Nachzuchten ist grundsätzlich der Vorzug zu geben. Arten, die der fachlich informierte (sachkundige) Anfänger halten kann oder die nur der Spezialist halten soll, sind im Gutachten besonders gekennzeichnet. Alle nicht oder als „nur für den Spezialisten geeignet" gekennzeichneten Arten sowie alle Chamäleons eignen sich nicht für den „Einstieg" in die Reptilienhaltung.*
*Das Gutachten soll und kann das Studium entsprechender Fachliteratur nicht ersetzen und ist als alleinige Quelle für den Erwerb von Wissen über die Reptilienhaltung nicht geeignet.*
*Die Angaben im speziellen Teil entsprechen dem derzeitigen Kenntnisstand; sie sollen in regelmäßigen Abständen auf ihre Aktualität überprüft und erforderlichenfalls überarbeitet werden.*

**I. Allgemeiner Teil**

**1. Klimatisierung und Beleuchtung**

*Reptilien sind wechselwarme (ectotherme) Tiere, deren Lebensfunktionen in hohem Maße von den Umweltbedingungen abhängen. Demzufolge ist eine den natürlichen Verhältnissen entsprechende Klimatisierung der Gehege für ihre erfolgreiche Pflege und Zucht von entscheidender Bedeutung. Um das zu gewährleisten, sind entsprechend der artspezifischen Bedürfnisse in der Regel ein Temperaturgefälle im Haltungssystem und eine Nachtabsenkung der Umgebungstemperatur notwendig. Die Spannbreite dieser Minimal- und Maximaltemperatur sowie die Vorzugstemperatur können sehr verschieden sein; Hinweise dazu werden im speziellen Teil gegeben. Insbesondere muss berücksichtigt werden, dass viele Reptilien thermoregulatorische Verhaltensweisen besitzen, die es ihnen ermöglichen, während der Aktivität eine mehr oder weniger konstante Körpertemperatur (auch als „Betriebstemperatur" bezeichnet) aufrecht zu erhalten.*
*Für bestimmte Arten ist auch die mit Licht gekoppelte Strahlungswärme wichtig. Auf die Verwendung geeigneter Lampen/Leuchtstoffröhren und die sachgerechte Anbringung ist zu achten (u. a. wegen Verbrennungsgefahr). Die Beleuchtungsintensität hat für die Aktivität, die Färbung und die Gesundheit Bedeutung.*
*Zwei weitere wichtige Faktoren für die Gesunderhaltung der Reptilien sind die Luft- und die Substratfeuchtigkeit. Einzelheiten sind im speziellen Teil dargelegt.*
*Alle Umweltfaktoren sollen den natürlichen Verhältnissen der Herkunftsbiotope weitestgehend entsprechen. Dabei muss berücksichtigt werden, dass nicht nur das Makroklima, d. h. die aus einem Klimaatlas gewonnenen Daten, sondern vor allem das Mikroklima, das mitunter erheblich vom Makroklima abweichen kann, für die*

*Gesundheit und das Wohlbefinden entscheidend ist.*
*Geeignete Geräte zur Messung von Temperatur und Luftfeuchtigkeit müssen vorhanden sein.*

**2. Ernährung**
*Zu gewährleisten ist eine der jeweiligen Art adäquate Ernährung. Das eingesetzte Futter muss einen den Ernährungsbedürfnissen entsprechenden Gehalt an Vitaminen, Mineralien und Ballaststoffen aufweisen. Für Möglichkeiten einer artgemäßen Wasseraufnahme ist zu sorgen.*

**3. Terrariengestaltung**
*Die Gehegegestaltung bzw. die Infrastruktur des künstlichen Lebensraumes muss sich an den Bedürfnissen der zu pflegenden Art orientieren (z. B. Graben, Wühlen, Klettern, Schwimmen).*
*Zu den wichtigsten Mindestausstattungen gehören:*
- *geeignetes Bodensubstrat in genügender Höhe,*
- *Versteckmöglichkeit,*
- *eventuell Wasserbecken, Badebecken,*
- *eventuell Klettermöglichkeiten (Felsen, Äste, Zweige) in geeigneter Größe und Dimension,*
- *eventuell Bepflanzung zur Herbeiführung eines geeigneten Mikroklimas, als Versteckmöglichkeit u. a.,*
- *bei Haltung geschlechtsreifer eierlegender Weibchen spezielle Eiablagemöglichkeit,*
- *Sichtschutzeinrichtungen innerhalb eines Geheges oder zwischen einzelnen Gehegen können erforderlich sein.*

**4. Vergesellschaftung**
*Um sozialen Stress bei Paar- und Gruppenhaltung zu vermeiden, muss auf die natürliche Sozialstruktur geachtet werden, wobei im Terrarium jedoch nicht immer die natürliche Sozialstruktur, z. B. mit einem dominanten und mehreren rangniederen Männchen in einer Gruppe, möglich ist. Auch müssen individuelle Unterschiede der Tiere bei der Vergesellschaftung berücksichtigt werden. Es kann erforderlich sein, mehrere Futterstellen einzurichten.*
*Eine Vergesellschaftung verschiedener Arten mit gleichen Biotopansprüchen ist möglich; die Tiere dürfen sich jedoch gegenseitig nicht negativ beeinflussen.*

**5. Terrariengröße**
*Allgemeingültige Angaben zur Gehegegröße können nicht gemacht werden. Die Maße sollten sich auf die Kopf-Rumpf-Länge, Körperlänge oder Panzerlänge beziehen und den natürlichen Bewegungsbedarf angemessen berücksichtigen. Im speziellen Teil werden dazu Richtwerte genannt.*
*Sind bauliche Veränderungen zur Erfüllung der Richtwerte nötig, so ist dies bei der Festlegung von Übergangszeiten entsprechend zu berücksichtigen.*

**6. Pflege**
*Eine artgemäße Pflege schließt Grundnormen der Sauberkeit und Hygiene, eine regelmäßige Gesundheitskontrolle und erforderlich werdende Behandlungsmaßnahmen ein.*

**7. Sonderbedingungen**
*Für Quarantäne und Behandlung erkrankter Tiere sowie bei der Simulation von Ruhephasen und der Aufzucht von Jungtieren können besondere Haltungsbedingungen erforderlich sein.*
*Für die vorübergehende Haltung von Reptilien im Groß- und Einzelhandel sind die unter Punkt III.1 aufgeführten Ausnahmen bei der Raumzumessung und der sozialen Zusammensetzung tolerierbar. Anforderungen an die Haltung im Rahmen von Reptilienbörsen sind unter Punkt III.2 dargestellt.*
*Sonderbedingungen für die Haltung von Reptilien in Zirkussen und Schaustellungen, einschließlich Wanderschaustellungen, werden abgelehnt.*
*Es folgt der spezielle Teil, indem auf die Bedürfnisse der einzelnen Arten eingegangen wird. Hieraus einige Beispiele bezüglich der Terrariengröße:*
*Für busch- und baumbewohnende Chamäleons sollte das Terrarium viermal so lang, zweieinhalbmal so tief und viermal so hoch wie die Kopf-Rumpf-Länge der Tiere sein, für bodenbewohnende Arten viermal so lang, viermal so tief und zweieinhalbmal so hoch. Für Landschildkröten sollte die Terrarienlänge ein Vielfaches (was das letztendlich sein mag, bleibt abzuwarten) der Körperlänge, die Breite mindestens ein Drittel der Terrarienlänge betragen.*

## Adressen und Bezugsquellen

Dr. Guido Westhoff
Institut für Zoologie der Universität Bonn, Poppelsdorfer Schloss,
D-53115 Bonn

DGHT-Geschäftsstelle, Postfach 1421,
53351 Rheinbach, www.dght.de

**Aluminiumprofile:**
Firma 3d-Plastik, Einruhrstrasse 92,
D-41199 Mönchengladbach

**Versandhandel für Terraristik, vertreibt nahezu alle zum Selbstbau benötigten Produkte, Alu-Stecksysteme:** Firma E.N.T. Terrarientechnik GmbH, Rudolf-Diesel-Straße 6, D-46459 Rees, www.terracontrol system.com

**Kunstglucke:**
www.jaeger-bruttechnik.de

**Zubehör und Einrichtungsgegenstände:** Namiba Terra, Speefeld 16, 47906 Kempen

Fa. Exoterra, www.exoterra.com

Import-Export Peter Hoch, Zoologischer Großhandel, August-Jeanmaire-Str. 12, 79183 Waldkirch, Hoch-Rep@t-online.de

Weitere in den Fachzeitschriften und im Internet.

## Literatur


Abraham, G. (1983): Terrarienbau und Gestaltung – Deko-Felsen im Eigenbau. – Sauria, Berlin 5 (3): 29–32.

Akeret, B. (1992): Anleitung zum Bau eines Schlupfkastens für Vollglasterrarien – herpetofauna, Weinstadt Nr. 78: 6–10.

Akeret, B. (2006): Bau einer Großanlage für Warane und Hornvipern – Draco, Natur und Tier Verlag Münster Nr. 26: 38–47.

Akeret, B. (2006): Kellerschachtterrarien – Draco, Natur und Tier Verlag Münster Nr. 26: 70–78.

Aleven, I. (1970): Alles über das Terrarium. – Kernen Verlag, Stuttgart.

Bech, R., & U. Kaden (1990): Echsen. – Urania Verlag. Leipzig.

Beck, P. (1992): Aquarien-ABC. – Kosmos Verlag, Stuttgart.

Blauscheck, R. (1988): Das Paludarium. Tropisches Leben im Wohnzimmer. – Landbuch Verlag. Hannover.

Brünner, G. (1981): Terrarienpflanzen, richtig gepflegt. – Kosmos Verlag. Stuttgart.

Buchert, P. (2006): Ein Freilandterrarium für Chamäleons – Draco, Natur und Tier Verlag Münster Nr. 26: 89–92.

Grunwald, N., & P. Kemp (1984): Das Paludarium. I–X: – Das Aquarium, Minden Hefte 175–184.

Hasselberg, D. (1999): Terrarien aus Styropor. – Reptilia, Münster Nr. 18, 4(4): 64–68.

Hufer, H. (2005): Moderne Lichttechnik im Schildkrötenterrarium. – Schildkröten im Fokus, Bergheim 2(1): 21–28.

Jahn, J. (1968): Das Freilandterrarium. – Philler Verlag. Minden.

Jes, H. (1998): Das Terrarium. – Graefe & Unzer. München.

Kästle, W. (1972): Echsen im Terrarium. – Franckh'sche Verlagshandlung. Stuttgart.

Kahl, B., P. Gaupp & G. Schmidt (1980): Das Terrarium. – Falken Verlag. Niederhausen.

Klingelhöffer, W. (1957): Terrarienkunde I–IV. – Alfred Kernen Verlag. Stuttgart.

Kübler, R. (1971): Aquariengeräte – selbst gebaut. – Franckh'sche Verlagshandlung. Stuttgart.

Lilge, D., & H. v. Meeuwen (1979): Grundlagen der Terrarienhaltung. – Landbuch Verlag. Hannover.

Lucke, E. (1982): Orchideenkultur für alle. – Philler Verlag. Minden.

Manthey, U. (1979): Terrarienbau und -gestaltung – Planung. Sauria, Berlin 2 (1): 26–30.

Matt, F. (1984): Zimmergewächshaus- und Pflanzenvitrinenbau. – Deutsche Bromeliengesellschaft e.V. Frankfurt.

Miller, K. (1974): So bauen wir ein Paludarium. – Aquarien Magazin, Stuttgart 8 (7): 296–298.

Minch, M. (2006): Freilandanlagen für Schildkröten. – Edition Chimaira, Frankfurt.

Müller, M. J. (1983): Klima-Handbuch ausgewählter Klimastationen der Erde. – Universität Trier.

Müller, V., & W. Schmidt (1995): Schildkröten im Gartenteich. – Natur und Tier Verlag. Münster.

Mütterthies, C. (2006): Erfahrungen mit dem Eigenbau von Holzterrarien für Reptilien aus Trockengebieten. – Draco, Natur und Tier Verlag, Münster Nr. 26: 30–37.

Nietzke, G. (1998ff): Die Terrarientiere. Band I III (3. Auflage). – Ulmer Verlag. Stuttgart.

Plochwietz, T. (2006): Planung, Bau und Betrieb eines Styroporterrariums mit Holzrahmenkonstruktion – Draco, Natur und Tier Verlag Münster Nr. 26: 84–88.

Polder, W. N. (1993): Ein feuchtwarmes Terrarium. – DATZ, Stuttgart 45 (12): 792–796.

Rau, W. (1981): Bromelien. – Ulmer Verlag. Stuttgart.

Rimpp, K. (1990): Das Terrarium. – Ulmer Verlag. Stuttgart.

Sachs, W. B., & R. Oeser (1953): Terrarienpflege, leicht gemacht. – Franckh'sche Verlagshandlung. Stuttgart.

Sauer, K, B. Steck, H. Schuchart & H. Horn (2004): Vivarienbeleuchtung. Chimaira Verlag, Frankfurt.

Schäffer, M. (2006): Bau eines Regenwald-Terrariums für Pfeilgiftfrösche. – Draco, Natur und Tier Verlag, Münster Nr. 26: 59–63.

Schneider, F. (1956): Die Pflanzen des Terrariums. – Philler Verlag. Minden.

Schöpfel, H. (1977): Bau eines Froschterrariums. – Aquarien-Terrarien 24 (6): 188–189.

Schröter, D. (2006): Schildkröten sichern – mit IP-Cam und PC.- Schildkröten im Fokus, Bergheim 3(4): 19–21.

Schulte, R. (1980): Frösche und Kröten. – Ulmer Verlag. Stuttgart.

Stein, K. H. (1975): Basteln für Aquarienfreunde. – Kosmos Verlag. Stuttgart.

Stendel, H. (1907): Wie baue ich ein Terrarium und womitbepflanze und bevölkere ich dasselbe. – Lehrmittel-Universum, Berlin.

Stettler, P. H. (1978): Handbuch der Terrarienkunde. – Franckh'sche Verlagsbuchhandlung. Stuttgart.

Tanner G. (1914): Das Terrarium. – Miniatur-Bibliothek, Leipzig.

Thorn, R. (1964): Pflanzensoziologie und Bodenkunde in Terrarien. – DATZ, Stuttgart 17 (5): 153–154.

Werning, H. (2005): Terrarienbau – Reptilia, Natur und Tier Verlag Münster Nr. 26: 38–47.

Wilms, T. (2004): Terrarieneinrichtungen. – Natur und Tier Verlag, Münster.

Wilms, T. (2006): Terrarienbau- Grundlagen und Materialien. – Draco, Natur und Tier Verlag, Münster Nr. 26: 4–29.

Zimmermann, E. (1983): Das Züchten von Terrarientieren. – Franckh'sche Verlagsbuchhandlung. Stuttgart.